Michael Dostal

DIE BAUREIHE 111

Der letzte E-Lok-Klassiker der Deutschen Bundesbahn

transpress

Einbandgestaltung: Luis dos Santos/Sven Rauert

Titelbild: Im Sommer 1978 hat sich die 111 099 in Freilassing vor eine Altbau-Ellok der Baureihe 144^{5} gesetzt, mit der sie gemeinsam einen Zug nach Berchtesgaden bringen wird. *Foto: C. J. Jacobson*

Seite 1:
Wintereinbruch in Bayern. Bei starkem Schneefall wartet diese 111 am 24. Februar 2009 mit ihrem RegionalExpress in München Hbf auf Abfahrt.
Foto: U. Miethe

Rücktitel:
Bei der Baureihe 111 gab es mehrere Maschinen mit bunten Werbefolien. Dazu gehört auch die 111 066, die am 27. Juni 2012 in München Hbf steht.
Foto: M. Dostal

ISBN 978-3-613-71745-9

1. Auflage 2025

Sie finden uns im Internet unter **www.transpress.de**

Produkthinweis:
Dieses Buch wurde nach den geltenden Vorschriften der General Product Safety Regulation (GPSR) entwickelt. Bei Fragen oder Problemen wenden Sie sich bitte an den Verlag unter der folgenden E-Mail-Adresse:
gpsr@paul-pietsch-verlage.de

Lektor: Hartmut Lange
Innengestaltung: grafik+design Erlewein
Repro: grafik+design Erlewein
Druck und Bindung:
DZS GRAFIK d.o.o, 1210 Ljubljana, Slovenia
Printed in Slovenia

Am 16. März 2017 ist die 111 087 auf ihrer Fahrt von Singen nach Stuttgart unmittelbar am Neckar unweit von Sulz unterwegs.
| *Foto: Ch. Kissel*

INHALT

BAUREIHE 111

VORWORT

Die Maschinen der Baureihe 111 stehen bei der Deutschen Bundesbahn am Ende der Entwicklung von Elektrolokomotiven mit klassischer Steuerung und herkömmlichem Antrieb.

Am 21. August 1987 hat die 111 102 mit dem FD 211 »Wörthersee« den Bahnhof von Geislingen/Steige passiert und bezwingt nun die Steigung nach Amstetten. | *Foto: M. Dostal*

Lokomotivsteuerungen mit Thyristoren und Antriebe mit Drehstrommotoren waren zwar in der ersten Hälfte der 1970er-Jahre schon serienreif, dennoch entschied sich die Bundesbahn noch einmal für die herkömmliche Technik. Dies hatte mehrere Gründe. Zum einen sollte die Baureihe 111 möglichst kostengünstig und zeitnah aus den Einheits-Elloks der Baureihe E 10 (später 110) abgeleitet werden, zum anderen sollte sie weitgehend kompatibel mit den Einheits-Elloks sein, damit sich Komponenten wie Fahrmotoren oder Transformatoren tauschen ließen. Ziel war es, Standzeiten bei der Aufarbeitung kurz und die Ersatzteilhaltung klein zu halten.

Die Beschaffung Baureihe E 10 (später 110, 112) endete 1969. Zu dieser Zeit hatte die Deutsche Bundesbahn noch zahlreiche Schnellzuglokomotiven der Baureihen E 04 sowie E 16 bis E 19 im Bestand. Diese Maschinen waren vor dem Zweiten Weltkrieg gebaut worden und mussten dringend abgelöst werden. Konstruktion und Beschaffung der sechsachsigen schweren Schnellzuglok der Baureihe E 03 (später 103) waren zu dieser Zeit schon beschlossenen Sache, sie sollte aber hauptsächlich für das neu einzurichtende InterCity-Netz genutzt werden und stand somit zur Ablösung der Oldtimer nicht zur Verfügung. Deshalb entschloss sich die Bundesbahn Anfang der 1970er-Jahre, aus der Baureihe 110 eine neue Maschine zu entwickeln. Hierfür waren aber erhebliche Änderungen notwendig, denn die aus den 1950er-Jahre stammende Technik war weit entfernt dem Stand der Zeit.

Im Sommer 1975 wurden die ersten fünf Probemaschinen an die Bundesbahn übergeben. Die Maschinen kamen zur Erprobung nach München. Nach erfolgreichen Tests begann die Serienfertigung. Mitte der 1970er-Jahre fiel die Entscheidung, dass der S-Bahn-Betrieb im Rhein-Ruhr-Gebiet teilweise mit lokbespannten Zügen abgewickelt werden sollte. Die Bundesbahn ließ dafür neue Wagen entwickeln, die speziell auf diesen Dienst zugeschnitten waren. Dafür wurden Lokomotiven der Baureihe 111 angepasst. Äußerlich fielen die S-Bahn-Maschinen ebenso wie die Wagen durch ihren grau/orangefarbenen Anstrich auf. Diese Farbgebung entspricht der der Triebwagen der Baureihe 420. Weil es sich bei den 111 aber um eine Schnellzuglokomotive handelte, gab es durch die häufigen Stopps und starken Beschleunigungen im S-Bahn-Betrieb immer wieder Schwierigkeiten.

Im Anschluss an die Ablieferung der S-Bahn-Loks bestellte die Bundesbahn zwei weitere Serien und mit der 111 222 übernahm sie am 12. Dezember 1985 zwar die letzte Lok dieser Baureihe, insgesamt wurden 227 Exemplare für die Bundesbahn gebaut. Im Schnellzugdienst erfüllten die 111 die in sie gesetzten Erwartungen. Sie wurde sogar – teilweise in Doppeltraktion – im InterCity-Dienst eingesetzt, weil nicht genügend Loks der Baureihe 103 zur Verfügung standen.

Obwohl in den 1980er-Jahre 60 Maschinen der Baureihe 120 zur Bundesbahn kamen und Anfang der 1990er-Jahre die ersten ICE-Triebzüge in Dienst gingen, blieb das Einsatzgebiet zunächst unverändert, weil zunächst die Altbau-Elloks und die Baureihe 110 abgelöst wurden.

Eine erste große Zäsur gab es, als die Deutschen Bahn AG in einzelne Geschäftsbereiche aufgeteilt wurde. Die 111 kamen zu DB Regio und waren nun nur noch selten vor Schnellzügen anzutreffen, denn das Haupteinsatzgebiet bestand in der Beförderung von Regionalzügen. Dies machte sich auch in der Aufteilung des Bestands auf zahlreiche Werke bemerkbar. Schließlich verdrängten neue Triebwagen die Maschinen auch aus diesen Diensten und ab den 2010er-Jahren wurden die Loks planmäßig abgestellt. Die meisten von ihnen kamen zunächst ins Stillstandsmanagement und wurden später verschrottet. Sie waren aber auch begehrte Maschinen bei privaten Eisenbahnunternehmen. Viele Einsteller kauften Loks der Baureihe 111, arbeiteten sie auf und setzen sie in vielen unterschiedlichen, teils recht bunten Anstrichen ein. Mehrere Maschinen kamen in den Mietpool der Deutschen Bahn. Auch sie sind in unterschiedlichen Farben unterwegs.

Zu Beginn waren die Maschinen bei Eisenbahnfreunden und -fotografen eher unbeliebt – wer wollte schon eine 111 statt einer der edlen Altbau-Schnellzugloks vor der Kamera haben. Durch Ausmusterungen bei der Deutschen Bahn und Verkäufe an private Eisenbahnunternehmen sind sie jedoch mehr und mehr in den Fokus gerückt und stehen heute hoch im Kurs.

An dieser Stelle möchte ich mich bei den zahlreichen Eisenbahnfreunden bedanken, die mir so viele sehenswerte Aufnahmen zur Verfügung stellten, dass sich die Auswahl als sehr schwierig herausstellte und zu meinem Bedauern längst nicht alle guten Bilder Platz in diesem Buch fanden.

Michael Dostal

1 ENTWICKLUNG

Bereits in den 1950er-Jahren beschloss die Deutsche Bundesbahn, ihr Streckennetz weitreichend zu elektrifizieren. Dabei sollten über 6.000 km Gleise mit einer Oberleitung überspannt und der Bestand an Dampfloks stark reduziert werden.

Während die 111 133 am 20. Mai 2009 abfahrbereit in Emden Hbf steht, hat die 111 145 den Bahnhof erreicht und wird gleich nach Norddeich-Mole weiterfahren.
| *Foto: M. Dostal*

1.1 Deutschland

Den großen Bedarf an neuen elektrischen Lokomotiven deckte die Bahn zunächst durch die Nachbeschaffung altbewährter Baureihen. So kamen bis 1955 zwei weitere Loks der Baureihe E 18 sowie zahlreiche E 44 und E 94 fabrikneu zur Bundesbahn. Es war aber abzusehen, dass diese Maschinen die Lücken auf Dauer nicht schließen konnten. Vor allem vor Schnellzügen mit hohen Geschwindigkeiten konnten diese Baureihen nicht überzeugen. Die E 18 war mit ihrem starren Fahrwerk mit Federtopfantrieb und den beiden Laufachsen nicht mehr auf den Stand der Zeit und die E 44 war nicht für höhere Geschwindigkeiten ausgelegt und die E 94 war eine reine Güterzugmaschine.

Anfang der 1940er-Jahre dachte die Reichsbahn über eine Überarbeitung der Baureihe E 44 nach, denn die Anforderungen an ihren Aufgabenbereich waren so weit angestiegen, dass sie mit der E 44 bald nicht mehr erfüllt werden konnten. Eine Steigerung der Leistung hätte besonders bei den Fahrmotoren zu einer so starken Zunahme des Gewichts geführt, dass eine Neukonstruktion notwendig geworden wäre. Die neue E 46 sollte eine Leistung von 2.500 kW und eine elektrische Widerstandsbremse haben sowie 110 km/h schnell sein. Siemens-Schuckert lieferte einen der E 44[5] ähnlichen Entwurf einer Lok ohne Vorbauten mit einer Länge von 15.290 mm. Die Zeichnung von AEG zeigt eine 15.800 mm lange Maschine mit zwei kurzen Vorbauten. Die elektrische Ausrüstung beider Entwürfe sollte aus der Baureihe E 94 abgeleitet werden.

Mit der Baureihe E 44 beschaffte die Deutsche Reichsbahn ab 1932 eine vierachsige Mehrzwecklok mit zwei Drehgestellen und Tatzlagerantrieb. Am 1. Juni 1982 rangiert die 144 185 in München Hbf. | *Foto: M. Dostal*

Die Entwicklung der ab 1935 gebauten Schnellzugbaureihe E 18 mit im Rahmen gelagerten Treibrädern und Federtopfantrieb wurde von der Deutschen Bundesbahn nicht weiter verfolgt. (118 045, Ulm Hbf, 29. Oktober 1980) | *Foto: M. Dostal*

Die Deutsche Bundesbahn beschaffte ab 1957 die Lokomotiven der Baureihe E 10 mit Gummiringfederantrieb für den Schnellzugdienst. Hier ist die E 10 121 am 10. September 2006 bei Troisdorf unterwegs.
| *Foto:: Dr. B. Domagalski*

Ab 1962 wurde die Form der E 10 modernisiert und es entstand die »Bügelfalten«-Ausführung. So präsentiert sich die zweifarbig lackierte 110 466 am 14. Oktober 2001 in Karlsruhe Hbf. | *Foto: M. Dostal*

Wegen des Kriegs kam es aber nur noch zu einer planerischen Ausarbeitung und einigen Zeichnungen. Mit dem Bau der E 46 wurde nicht mehr begonnen.

Die Deutsche Bundesbahn griff nach dem Krieg den Entwurf der E 46 von 1940 wieder auf und aktualisierte ihn. Schon während der Planungen entschied sie sich, eine Höchstgeschwindigkeit von 130 km/h zu fordern und die Maschinen als Schnellzugloks einzuordnen. Dies hatte die Umzeichnung in die Baureihe E 10 zur Folge.

Weil die Bahn möglichst unterschiedliche Entwürfe haben wollte, erließ sie nur wenige Vorgaben. Dazu gehörte die Ausführung als vierachsige Drehgestellmaschine, die unter anderem 700 t schwere Schnellzüge auf einer Steigung von 10 Promille mit einer Geschwindigkeit von 90 km/h befördern sollte. Für 900 t schwere Güterzüge waren bei derselben Steigung immerhin noch 60 km/h vorgesehen.

Mehrere Lokfabriken nahmen an der Ausschreibung teil und im November 1950 vergab die Bundesbahn einen Auftrag über vier Probelokomotiven. Die E 10 001 kam von Krauss-Maffei und AEG, die E 10 002 von Krupp und BBC. Die E 10 003 lieferten Henschel und SSW, für die E 10 004 zeichneten Henschel und BBC/AEG verantwortlich. Schon einen Monat nach dieser Bestellung orderte die Bahn eine weitere, der E 10 004 baugleiche Maschine, die E 10 005.

Die fünf Lokomotiven waren aber nicht nur als Prototypen für eine Baureihe vorgesehen, denn kurz nach der Auftragsvergabe gab es erste Überlegungen zu einer ganzen Lokfamilie, die auf den Vorausmaschinen basieren sollte. Neben der Schnellzuglok E 10 wurde eine Güterzuglok für Flachlandstrecken, die E 40 entwickelt. Für leichte Züge war die E 41 vorgesehen und für schwere Züge auf steigungsreichen Strecken hatte man die sechsachsige E 50 im Programm.

Unter der Baureihenbezeichnung E 01 sollte noch eine sechsachsige Schnellzuglok entstehen. Weil aber noch kein Bedarf an einer solchen Baureihe bestand, ließ die Bahn dieses Projekt zunächst wieder fallen. Auch von einer elektrischen Rangierlok nahmen die Planer wieder Abstand.

Insgesamt wurden
- 409 Lokomotiven der Baureihe E 10
- 879 Lokomotiven der Baureihe E 40
- 451 Lokomotiven der Baureihe E 41
- 194 Lokomotiven der Baureihe E 50

gebaut.

Im Gegensatz zu den fünf Vorgängern war man nun bestrebt, die Loks möglichst ähnlich auszuführen. Für die E 10 und die E 40 konnte eine fast gleiche Konstruktion gewählt werden. Zugkraft und Höchstgeschwindigkeit wurden über die Ausführung der Getriebe variiert. Weil die E 41 auch für Nebenstrecken vorgesehen war, wurde ihre Radsatzlast auf 17 t begrenzt. Deshalb bauten die Konstrukteure eine kürzere Lok mit einem leichteren Transformator. Für die sechsachsige E 50 waren natürlich längere Rahmen und Aufbauten erforderlich.

Im Oktober 1954 wurde Auftrag über die ersten 31 Lokomotiven der Schnellzugversion E 10 vergeben, der bald auf 69 Exemplare aufgestockt wurde.

Während der Beschaffung der E 10 stellte die Deutsche Bundesbahn 1962 den neuen »Rheingold« auf die Schiene. Für diesen Prestigezug beschaffte sie neue, klimatisierte Reisezugwagen, die an Komfort und Bequemlichkeit alle bisherigen Wagen überboten. Weil diese Züge mit einer Höchstgeschwindigkeit von 160 km/h verkehren sollten, leitete die Bahn aus der 150 km/h schellen E 10 eine Variante für 160 km/h ab.

Zwischen Oktober 1962 und März 1963 wurden die für den »Rheingold« vorgesehenen E 10 1265 bis E 10 1270 geliefert. Äußerlich unterschieden sie sich durch ihren neuen, windschnittigen Lokkasten, geschlossene Frontschürzen, die die Puffer miteinschlossen, ein durchgehendes Lüfterband und eine zweifarbige Lackierung von ihren Vorgängern.

Mit der Umstellung des Fernschnellzuges »Rheinpfeil« auf die neuen, komfortablen »Rheingold«-Wagen fehlten 1963 erneut schnelle Zugloks und zwischen Oktober 1963 und Februar 1964 kamen die E 10 1308 bis E 10 1312 zur Bundesbahn. Die am 11. November 1963 abgenommene E 10 1309 war außerdem die 1.000. Neubau-Ellok der Deutschen Bundesbahn.

Nach den Erfahrungen mit den ersten »Bügelfalten«-E 10^{12} entschied sich die Bahn, diese Kastenform auch für die langsamere E 10 zu verwenden und ab E 10 288 wurden alle Loks in dieser Ausführung geliefert, allerdings mit blauem Kasten.

Am 10. März 1969 stellte die Bahn dann mit der 110 509 ihre letzte 110 – wie die Loks seit Anfang 1968 hießen – in Dienst. Ergänzend zu diesen Einheitselloks standen Ende 1969 noch vier Maschinen der neueren Baureihen 103 und insgesamt 95 Altbau-Elloks der Baureihen 104, 116, 117, 118 und 119 für den Schnellzugdienst zur Verfügung.

Damit war der Bedarf im oberen Geschwindigkeitsbereich bis 150 km/h aber noch immer nicht gedeckt. Deshalb dachte die Bundesbahn schon Anfang der 1970er-Jahre daran, die 110 weiter zu beschaffen. Deren Konstruktion war aber inzwischen fast 25 Jahre alt und entsprach trotz zahlreicher Verbesserungen nicht mehr dem Stand der Zeit. Besonders die unbefriedigenden Laufeigenschaften der 110 stachen ins Auge, denn die spielfreie Radsatzlagerung führte bei hohen Geschwindigkeiten zu sehr großen Kräften zwischen Rad und Schiene und somit zu einem übermäßigen Verschleiß. Zudem sollten die Arbeitsbedingungen im Führerraum verbessert und die Verschmutzung des Maschinenraums durch die direkte Zuführung der Kühlluft zu den Fahrmotoren vermieden werden.

Weitere Forderungen waren Verschleißpufferbohlen und die Möglichkeit automatische Mittelpufferkupplungen sowie Doppeltraktions- und Wendezugsteuerungen einzubauen.

Schon Anfang 1970er-Jahre gab es erste Überlegungen zu einer Nachfolgebaureihe zur 110. Die Bundesbahn beschloss, die neue Baureihe auf der Grundlage der 110 entwickeln zu lassen. Damit sollte die Austauschbarkeit wichtiger Bauteile mit den Einheitselloks gewährleistet werden. So hatte die Bahn immerhin ca. 6.000 Fahrmotoren vom Typ WB 372-22 und 7.000 Lüftermotoren von Typ EKS 200 sowie zahlreiche Schalt- und Steuergeräte gleicher Bauarten im Bestand.

Allerdings verzichtete die Bahn damit auf die Verwendung neuer Technik wie der Thyristorsteuerung der Fahrmotoren, die bei der gleichzeitig beschafften Baureihe 181[2] verwendet wurde.

Um die Tauschbarkeit der Fahrmotoren zu gewährleisten, legte man die Höchstgeschwindigkeit der 111 auf 150 km/h fest. Aufgrund unterschiedlicher Isolationsklassen (Baureihe 110: Klasse B; Baureihe 111: Klasse F) mussten aber immer alle vier Fahrmotoren einer Lok der gleichen Isolationsklasse angehören. Die Isolationsklasse F mit ihrer höheren thermischen Belastbarkeit erlaubte die spätere Anhebung der Höchstgeschwindigkeit auf 160 km/h bei der 111.

Wichtige Neuerungen waren die Drehgestelle – gefordert waren ein kurzer Radsatzstand und eine möglichst geringe nicht abgefederte Masse (nur die Radsätze selbst sollten nicht abgefedert auf den Schienen laufen) –, die Inneneinrichtung des Maschinenraums sowie die direkte Zuführung der Kühlluft zu den elektrischen Ausrüstungen. Außerdem sollte der Wartungs- und Unterhaltungsaufwand bei den neuen Maschinen verringert und so Kosten und Zeit gespart werden.

Die Entwicklung der Drehgestelle der Baureihe 111 begann bereits 1972 mit der 110 466. Unter ihr wurden drei unterschiedliche Drehgestellbauarten untersucht:

- Variante 1: Radsatzsäulenführung, Gummikegelfedern zur Radsatzfederung, ölgeschmierte Kastenabstützung, dreifache Schraubenfedern und hydraulische Dämpfer,
- Variante 2: Radsatzsäulenführung, Gummikegelfedern zur Radsatzfederung, Kastenabstützung durch Flexicoilfedern mit hydraulischen Dämpfern, Lemniskatenlenker, Gummiring-Drehzapfenlager,
- Variante 3: Radsatzführung durch Radlenker mit Silentblöcken, reibungsfreie Schraubenfedern mit Hydraulikdämpfern und Ausgleichshebeln, Flexicoilfedern.

Bei allen drei Varianten war ein Radsatzstand von 3.400 mm vorgesehen.
Die Variante 3 kam der später unter der 111 genutzten Ausführung bereits sehr nahe.

Die Einrichtung des Führerraums mit einem neuen, ergonomisch gestalteten Einheitsführerpult verbesserte die Arbeitsbedingen des Personals. Dieses Pult war auch für später zu beschaffende Lokbaureihen und Steuerwagen vorgesehen.

Unmittelbar nach dem Aufsetzen des Lokkastens auf die Drehgestelle bei Krauss-Maffei präsentiert sich die 111 001 am 13. November 1974 in München-Allach. Eine Stirnleuchte ist noch nicht komplett. | *Foto: Werkfoto Krauss-Maffei, Slg. B. Rampp*

Seiten- und Stirnansicht der 111 001 mit Einholmstromabnehmern und oben angebrachter seitlicher Loknummer. | *Zeichnung: P. Erdmann*

Eckdaten für die Baureihe 111

Anhängelast (t)	Steigung (‰)	Geschwindigkeit (km/h)
Schnellzüge		
855	0	150
430	5	150
560	5	140
355	10	140
Güterzüge		
1.300	0	105
1310	5	70
1.115	5	80
1.100	10	50

Der Auftrag zur Ausarbeitung des mechanischen Teils ging an Krauss-Maffei, Siemens zeichnete für die elektrische Ausrüstung verantwortlich. Im Januar 1975 trat mit 111 001 die erste Nachfolgerin der 110 ihren Dienst an.

Die 111 003 besaß zu Erprobungszwecken für kurze Zeit eine automatische Mittelpufferkupplung der Bauart »EURO-Kuppler«. Im Mai 1975 steht sie in München-Allach. | *Foto: Werkfoto Krauss-Maffei, Slg. B. Rampp*

Während die Deutsche Bundesbahn noch die Baureihe 111 mit herkömmlicher Technik in Betrieb nahm, beschafften die Österreichischen Bundesbahnen ÖBB die Reihe 1044 (später 1144) mit Thyristortechnik. Mit einer Schwestermaschine wartet die 1144 241 am 29. September 2009 in Kufstein auf Weiterfahrt. | *Foto: Dr. B. Domagalski*

1.2 Blick über den Zaun

Österreich

Anders als die Deutsche Bundesbahn setzten die Österreichischen Bundesbahnen (ÖBB) in den 1970er-Jahren bei der Entwicklung neuer Elektrolokomotiven bereits auf die Steuerung der Fahrmotoren mit moderner Thyristortechnik. Diese Bemühungen führten ab 1974 zur Beschaffung der Reihe 1044, die mit 217 gebauten Exemplaren eine der erfolgreichsten Reihen der ÖBB war. Der Reihe 1044 vorausgegangen war 1971 die Beschaffung von zehn Fahrzeugen der Reihe 1043. Diese Maschinen wurden aus der schwedischen Reihe Rc2 abgeleitet und von ASEA in Schweden gebaut. Die Reihe Rc2 war eine der ersten, die mit einer Thyristorsteuerung ausgestattet war. Bei ihr wurde die

Zugkraft nicht wie bisher in konkreten Fahrstufen geregelt, sondern stufenlos mit einer Phasenanschnittsteuerung. Somit konnte die Zugkraft exakt an die Masse des Zugs und die Schienen- bzw. Witterungsverhältnisse angepasst werden.

Die ÖBB waren mit der Reihe 1043 so zufrieden, dass sie sich weiterhin für diese Technologie entschieden und die Baureihe 1044 entwickelten. Die letzten Exemplare der 1043 schieden 2001 aus dem Dienst aus und standen somit knapp 30 Jahre im Einsatz.

Die 1044 war als Universalmaschine geplant und wird vor nahezu allen Zuggattungen sowohl im Flachland als auch im Gebirge eingesetzt. Während die 1043 nur 135 km/h schnell fahren durfte, war für die 1044 eine Höchstgeschwindigkeit von 160 km/h vorgesehen. Sie hat einen einseitigen BBC-Gummifederantrieb und leistet 5.200 kW.

Auch die vier Probelokomotiven des Typs Re $4/4^{IV}$ der Schweizerischen Bundesbahnen SBB waren mit neuer Thyristortechnik ausgestattet. Am 15. September 2011 steht die Re 446 018 im Dienst der Schweizerischen Südostbahn (SOB) abfahrbereit in Luzern. | *Foto: Dr. B. Domagalski*

Ihre Dienstmasse beträgt 84 Tonnen. Nach dem Jahr 2000 bekamen Maschinen eine kompatible Vielfach- und Wendezugsteuerung, eine GSM-R-Funkanlage, die PZB 90 und neue LED-Scheinwerfer. Diese Loks laufen als Reihe 1144.

Die 1044 war zu ihrer Zeit die leistungsstärkste vierachsige Lokomotive der Welt und wurde erst von der Baureihe 120 der Bundesbahn dieses Platzes verwiesen.

Schweiz

Bei den Schweizerischen Bundesbahnen (SBB) hielt die Thyristortechnik 1976 in Form der vier Triebzüge der Reihe RABDe 8/16 Einzug. Aus ihnen entstanden Anfang der 1980er-Jahre die vier Probelokomotiven der Reihe Re $4/4^{IV}$ mit den Nummern 10101 bis 10104. Der mechanische Teil der Maschinen kam von der Schweizerischen Lokomotiv- und Maschinenfabrik Winterthur (SLM), der elektrische von Brown, Boveri & Cie in Baden im Kanton Aargau.

Die Re $4/4^{IV}$ war als Universallok konzipiert und kann 160 km/h schnell fahren. Sie hat eine Stundenleistung von 4.960 kW, eine Anfahrzugkraft von 300 kN und arbeitet mit einer elektrischen Widerstandsbremse. Den Vortrieb übernimmt ein BBC-Gummigelenkantrieb mit einer Hohlkardanwelle, der einseitig auf die Radsätze wirkt.

Im April 1982 übernahmen die SBB die 10101 und im Oktober 1982 folgte als letzte die 10104. Die SBB untersuchten die Maschinen ausgiebig, entschieden sich 1985 aber diesen Typ nicht weiter zu beschaffen, weil zu diesem Zeitpunkt kein konkreter Bedarf an diesen Lokomotiven bestand. Außerdem stand schon die Weiterentwicklung zur 200 km/h schnellen Reihe Re 460 im Raum.

Die Re $4/4^{IV}$ waren bevorzugt am Genfer See, im Wallis und gelegentlich auch zwischen Zürich und Sankt Margrethen unterwegs.

Ende 1994 verkauften die SBB die vier Maschinen an die Schweizerische Südostbahn (SOB), die sie als Re 446 445 bis 446 448 (später Re 446 015 bis 446 018) in ihren Bestand aufnahm und als »Voralpen-Express« zwischen Romanshorn, St. Gallen und Luzern einsetzte. Seit Ende 2019 nutzt die SOB nun dafür Triebwagen des Typs Stadler Flirt »Traverso« und verkaufte die vier Re 446 an die Eisenbahndienstleister GmbH (EDG).

2 TECHNIK

Um eine möglichst hohe Tauschbarkeit von Bauteilen mit den Einheitselloks zu erreichen, griffen die Konstrukteure bei den Fahrmotoren, dem Antrieb, dem Transformator und der Steuerung auf ältere Ausführungen zurück und verpassten so die Chance, mit der 111 eine moderne und zeitgemäße Maschine auf die Gleise zu stellen, wie sie es bei der gleichzeitig projektierten Mehrsystembaureihe 181² mit ihrer von der AEG entwickelten Thyristor-Antriebstechnik getan hatten.

Seitenansicht und Draufsicht der Drehgestelle der Baureihe 111. | *Zeichnung: Slg. M. Dostal*

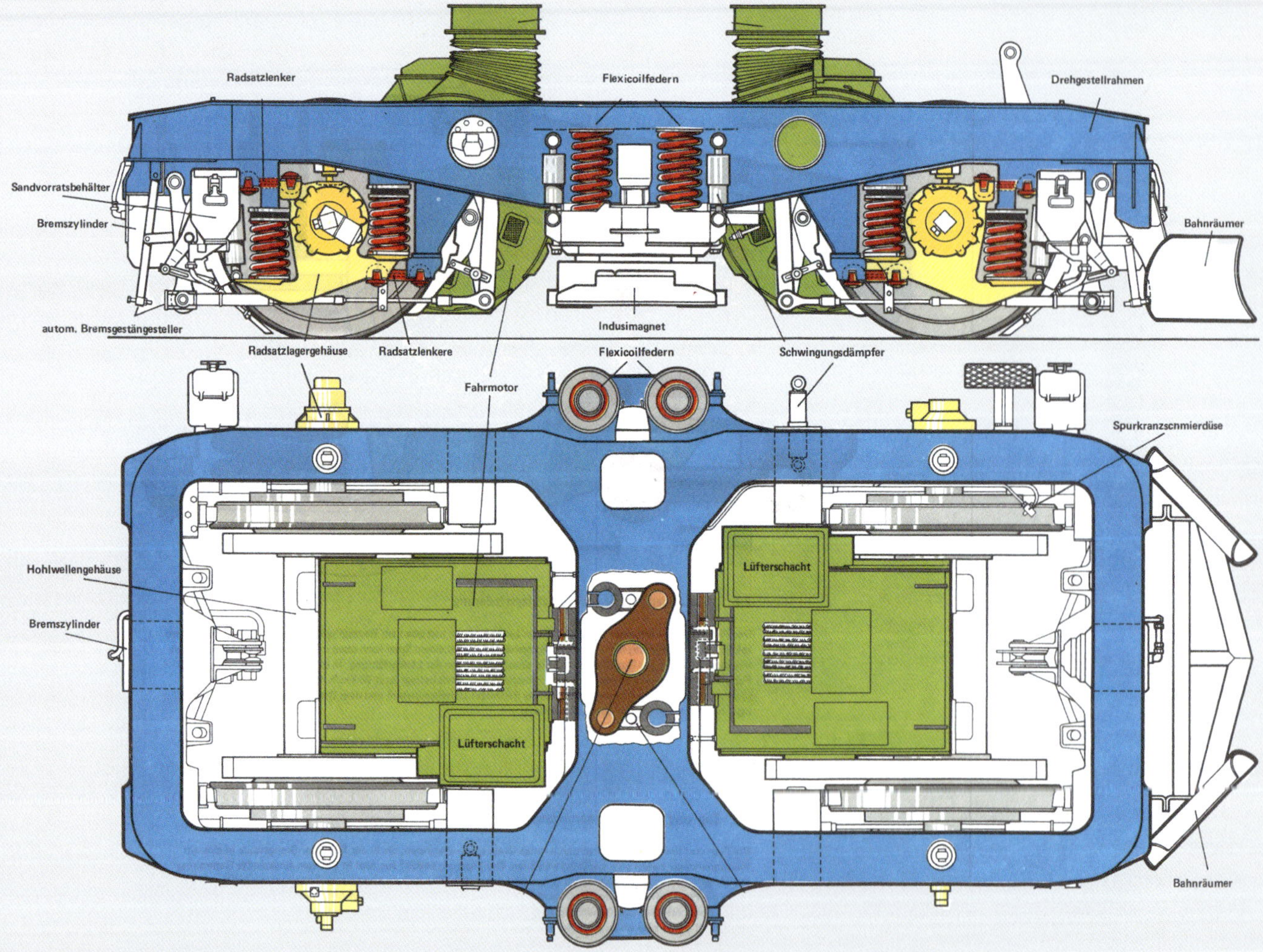

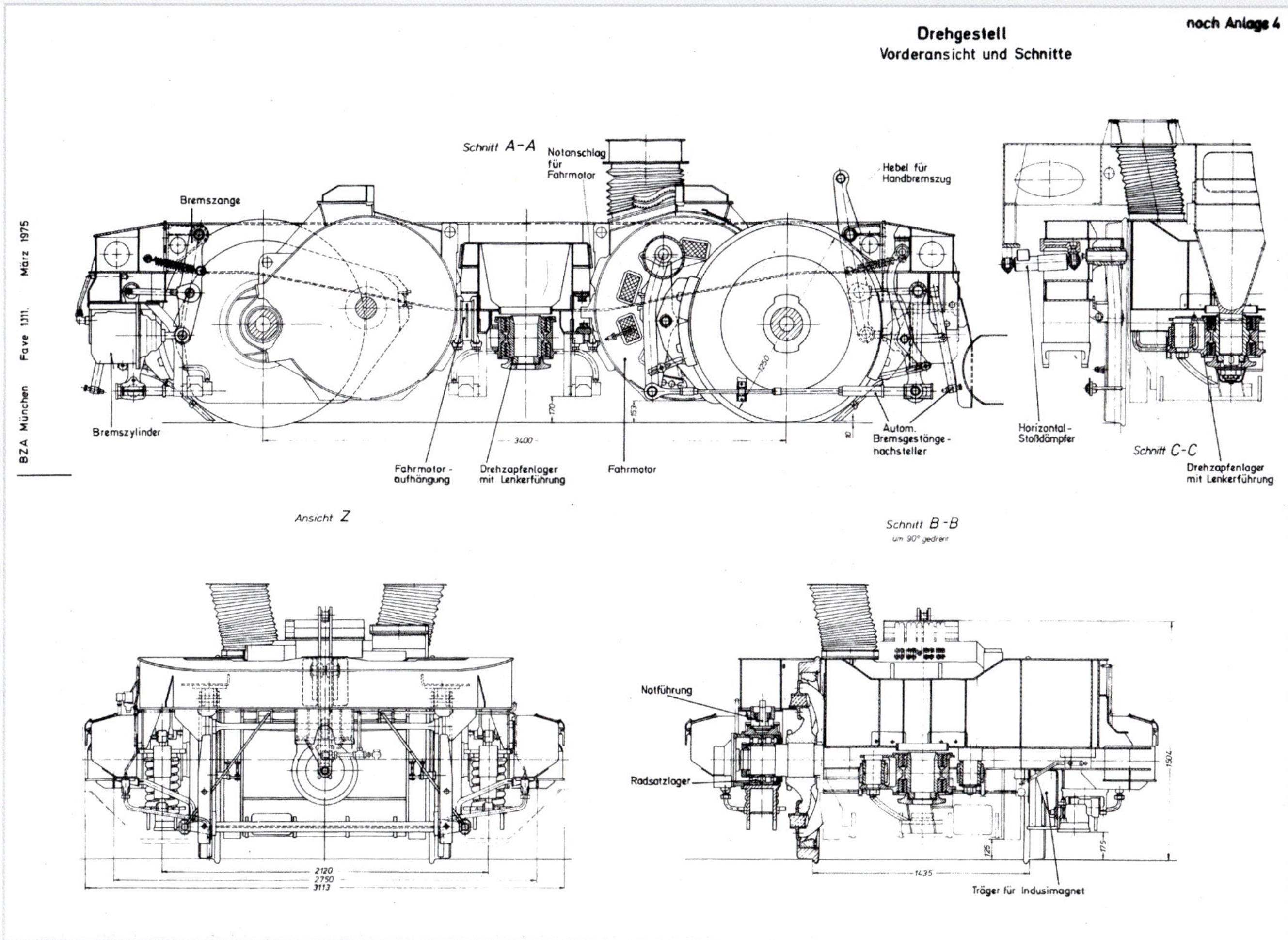

Stirnansicht und Schnitte der Drehgestelle der Baureihe 111.
| *Zeichnung: Slg. Dr. D. Hörnemann*

Zumal die Tauschbarkeit der Teile dann doch nicht in gewünschtem Maße umgesetzt wurde. Auch die Entwicklung einer modernen Einsystemausführung aus der 181² wurde nicht genutzt, obwohl die Thyristor-Technologie mit ihrer Phasenanschnittsteuerung und ihren Mischstrommotoren bereits seit 1972 in den Triebwagen der Baureihe 420 verbaut wurde. Auch im Ausland wurde diese Technologie genutzt, so beispielsweise in Schweden (Reihe Rc), Österreich (Reihen 1043 und 1044), Frankreich (Reihen BB 15000, BB 22000, BB 7200) und der Schweiz (Reihe Re 4/4^IV^).

2.1 Mechanischer Teil

2.1.1 Drehgestelle

Bei den Drehgestellen stellte die Bundesbahn die Forderungen, dass diese in ihren Abmessungen und Anschlüssen denen der Baureihe 110 entsprechen sollten. So hätten bei Bedarf die Drehgestelle zwischen den beiden Baureihen getauscht werden können. Außerdem sollten sie eine Laufleistung von 900.000 km ohne größere Aufarbeitung oder Teiletausch erbringen.
Der Rahmen des Drehgestells setzt sich aus zwei

Bei den Drehgestellen der Baureihe 111 übernehmen Schraubenfedern sowohl die Primärfederung der Radsätze, als auch die Abstützung des Lokkastens. (111 002, AW München-Freimann, 21. November 1994) | *Foto: Brian Rampp*

Auf dieser Aufnahme ist deutlich der umlaufende Rahmen des Drehgestells zu erkennen, der die beiden Fahrmotoren aufnimmt. Rechts sind Schienenräumer montiert. Vorn ist ein Sandkasten zu erkennen. | *Foto: Werkfoto*

Lang- und drei Querträgern zusammen. Dazu wurden Stahlbleche zu Kastenprofilen zusammengeschweißt. Diese Hohlträger zeichnen sich durch ein geringes Gewicht und eine hohe Widerstandskraft gegen Biegung und Verwindung aus. Auf dem mittleren Querträger befindet sich das Lager für den Drehzapfen, der am Lokrahmen befestigt ist. Die weit nach unten geführte Anlenkung des Drahzapfens vermindert das Abheben der vorderen Radsätze im Drehgestell und sorgt so für eine gleichmäßige Belastung der Radsätze beim Anfahren. An den Seiten der Hauptquerträger befinden sich Konsolen für die Aufhängung der Fahrmotoren. An jedem Kopfträger sind ein Bremszylinder und zwei Sandkästen mit Sandtreppen angebracht. Auch die Spritzdüsen für die Spurkranzschmierung und die Schienenräumer sind hier montiert.

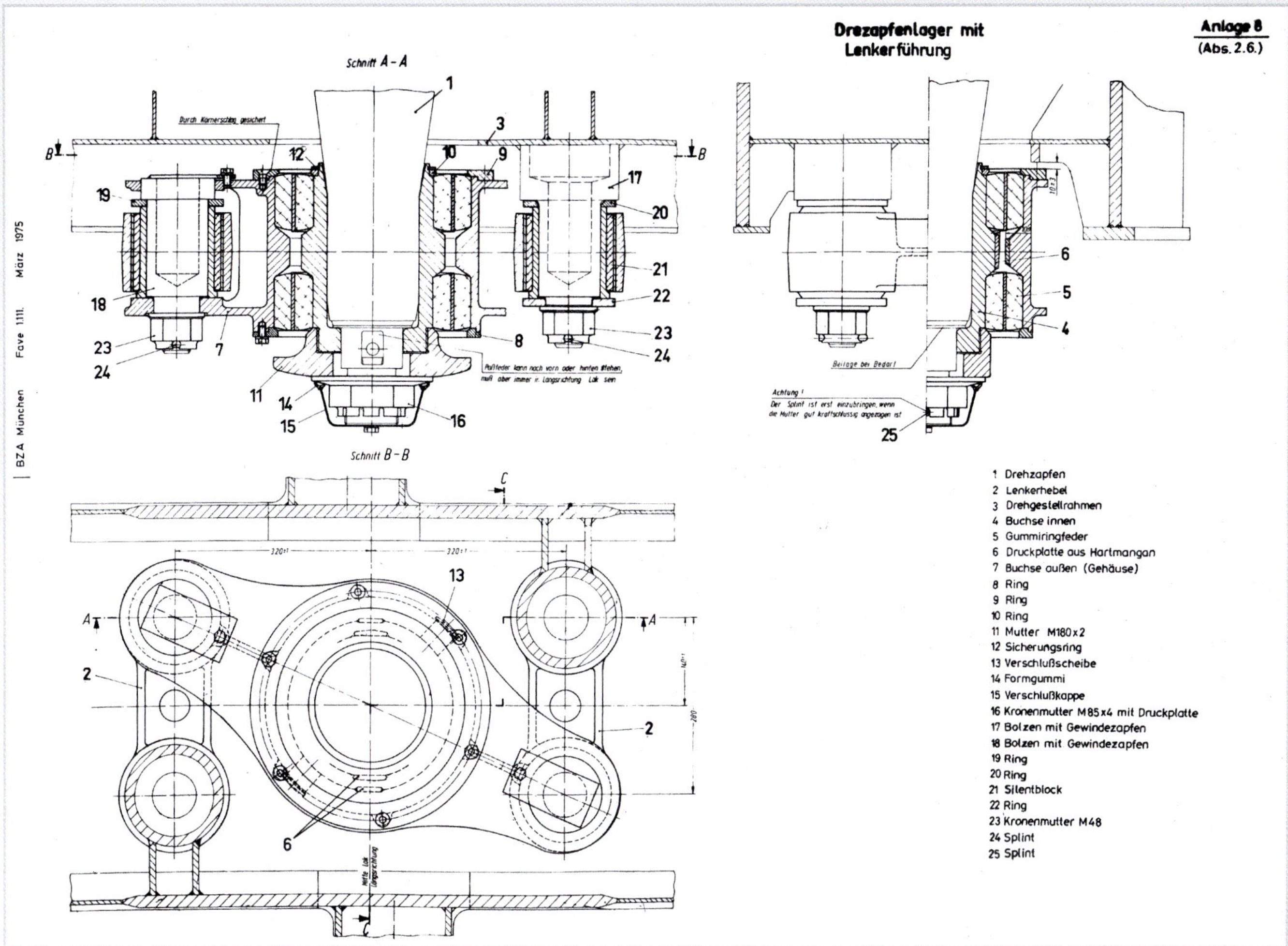

Schnitt- und Draufsicht auf den Drehzapfen, der die Verbindung zwischen Aufbau und Drehgestellen herstellt. Über den Drehzapfen werden auch Zug- und Druckkräfte übertragen. | *Zeichnungen: Slg. Dr. D. Hörnemann (oben), Slg. M. Dostal (unten)*

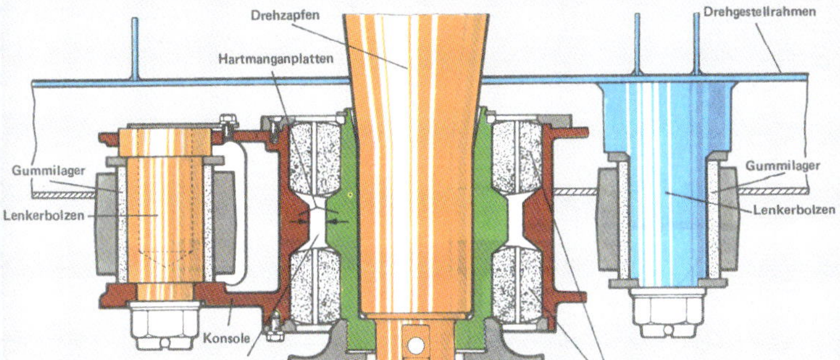

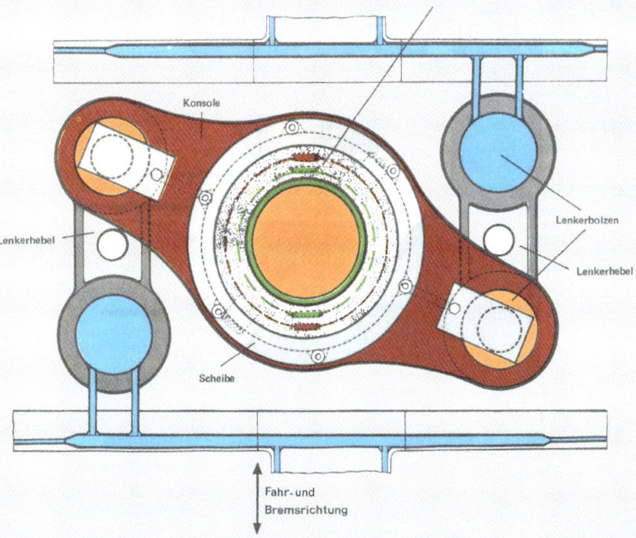

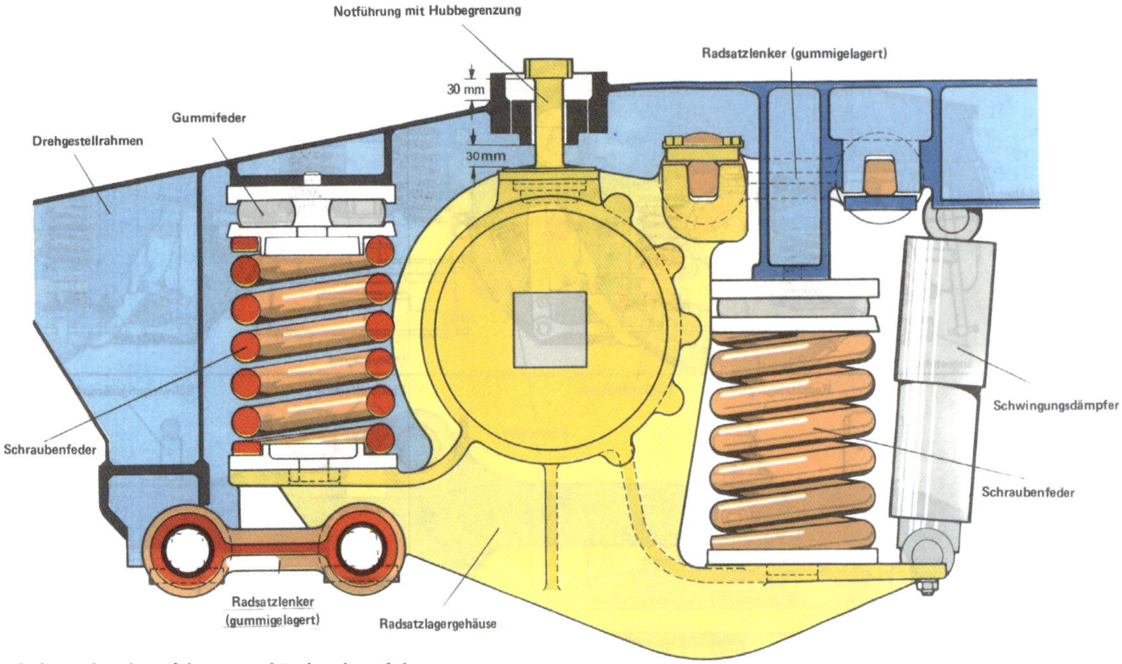

Schnitt durch die Radsatzlagerführung und Radsatzlagerfederung mit Schraubenfedern und Schwingungsdämpfern.
| *Zeichnung: Slg. M. Dostal*

Radsatzlagerführung und Radsatzlagerfederung an der 111 226 mit Schraubenfedern und Schwingungsdämpfern. Links ist der Sandkasten zu erkennen.
| *Foto: M. Dostal*

Abstützung des Lokkastens auf den Drehgestellen über zwei Schraubenfedern mit parallelen Dämpfern auf jeder Seite.
| *Foto: M. Dostal*

Querelastische, liegend angeordnete und in Gummi gelagerte Lemnsikatenlenker übernehmen die Anlenkung der Radsätze im Drehgestell. Bewegt sich bei diesen Lenkern das Radsatzlagergehäuse gegenüber dem Rahmen des Drehgestells, dreht sich der Lenker kreisförmig im Anlenkpunkt, während das Lagergehäuse unter leichter Drehung senkrecht geführt wird. Auf das Gleis wirkende Querkräfte werden durch die Querelastizität der Lemniskatenlenker verringert. Senkrechte Dämpfer an den Radlagergehäusen verringern Nickbewegungen der Drehgestelle. Die Radsätze weisen das DB-Verschleißprofil auf und laufen in zweireihigen Zylinderrollenlagern mit Fettschmierung, die auch Querkräfte aufnehmen können. Der Radsatzstand beträgt 3.400 mm.

Der Lokkasten stützt sich über vier Flexicoil-Schraubenfedern je Drehgestell auf den Drehgestellen ab. Federkörbe mit großer Stützbreite erhöhen die Stabilität gegen Wankbewegungen. Vier waagerecht und zwei senkrecht wirkende hydraulische Dämpfer je Drehgestell verringern die Vertikal-, Quer- und Wankbewegungen des Aufbaus. Zug- und Druckkräfte zwischen Drehgestellen und Lokkasten werden über in Silentblöcken gelagerte Lenker übertragen.

Die Fahrmotoren sind auf einer Seite über Gummischubfedern am Drehgestellrahmen aufgehängt. Auf der anderen Seite stützen sie sich über die Hohlwellenlager auf die Hohlwellen des Antriebs ab. Sie können zusammen mit dem Antrieb und den Radsätzen von unten ein- und ausgebaut werden.

2.1.2 Antrieb

Das Drehmoment des Fahrmotors wird über einen zweiseitigen Gummiringfederantrieb mit Stirnradgetrieben auf die Radsätze übertragen. Dieser etwas ältere Antrieb wurde gewählt, um die Kompatibilität mit der Baureihe 110 zu gewährleisten, obwohl in den gleichzeitig mit der 111 gefertigten Reihen 103 und 181[2] bereits der Gummiringkardanantrieb verbaut wurde.

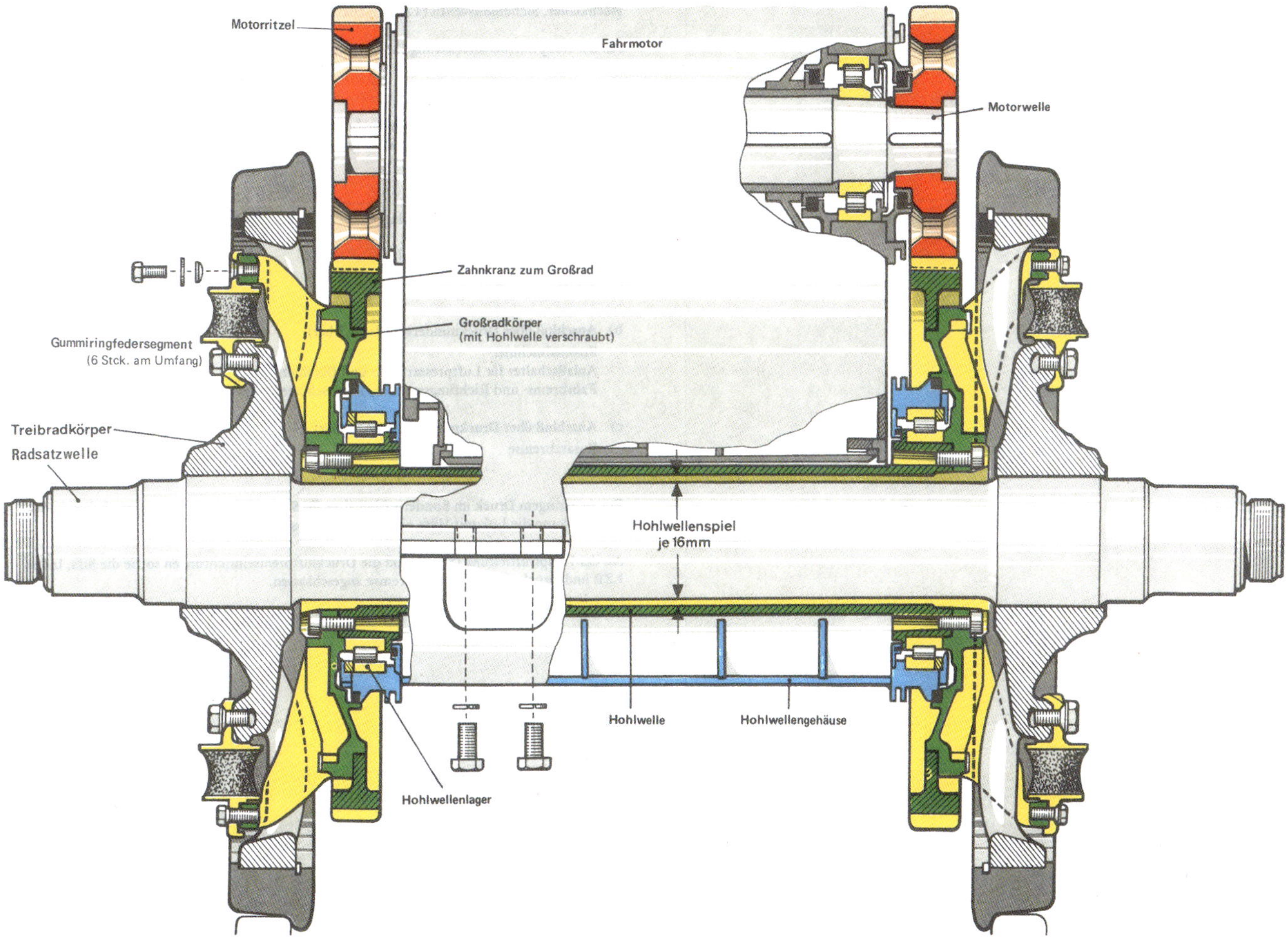

Schnitt durch den Gummiringfederantrieb wie er in der Baureihe 111 verwendet wird. Auch die Baureihen 110, 112, 139 und 140 sind mit diesem Antrieb ausgestattet. | *Zeichnung: Slg. M. Dostal*

Gummiringfederantrieb

Beim Gummiringfederantrieb wird das Drehmoment der Großräder über Ausleger und Gummisegmente auf Ringe übertragen, die an den Radkörper angegossen sind. Die Fahrmotoren sind auf einer Seite über Gummischubfedern im Drehgestellrahmen aufgehängt. Auf der anderen Seite stützen sie sich mit dem Hohlwellengehäuse über die Hohlwellenlager auf die Hohlwelle ab. So ruht das Gewicht des Fahrmotors je zur Hälfte über Gummischubfedern auf dem Drehgestell und über die Gummiringfeder auf dem Treibradsatz. Die Hohlwelle umschließt den Treibradsatz und trägt an beiden Enden die Großradkörper mit angeschraubten, schräg verzahnten Stirnzahnkränzen, die in die Motorritzel eingreifen. An jedem Großrad sind sechs Ausleger montiert. Sie ragen zwischen den Speichen hindurch bis an die Außenseiten der Treibräder. Jedes der sechs Gummisegmente einer Gummiringfeder besteht aus einem Außen- und einem Innensegment. Ausleger und Gummiringfeder übertragen das Drehmoment des Motors auf die Treibachse und zentrieren zugleich die Hohlwelle federnd um die Treibachse. Die Drehelastizität der Gummielemente dämpft die Zugkraftstöße beim Weiterschalten von Fahrstufe zu Fahrstufe und ermöglicht so eine gute Ausnutzung der Haftwertgrenze. Durch seine Konstruktion fallen die Stoßbeanspruchungen auf den Motor wesentlich geringer aus als bei anderen Antriebsformen.

2.1.3 Bremse

Die Bremse ist eine automatische, mehrlösige Hochleistungs-Einkammer-Druckluftbremse der Bauart Knorr KE-GPR-EmZ und unmittelbar wirkender Druckluftzusatzbremse, Steuerventil des Typs KELa V 5 d und nachgeschaltetem Druckübersetzer des Typs Dü 23 für schnellfahrende Lokomotiven. Sie hat einen geschwindigkeitsabhängigen Bremsdruckregler und wirkt direkt auf die Räder der Lok. Wird beim Bremsen eine Geschwindigkeit von 60 km/h unterschritten, sinkt der Bremsdruck von 8 auf nur noch 3,8 bar. Damit soll verhindert werden, dass sich die Räder festbremsen und anfangen zu gleiten.

In jedem Führerraum befindet sich ein Handrad für eine Spindelbremse, mit der der erste Radsatz des Drehgestells unter dem jeweiligen Führerraum festgelegt werden kann. Zu dieser mechanischen Bremse kommt noch eine fahrdrahtabhängige, fremderregte Gleichstrom-Widerstandsbremse hinzu, die sowohl allein als auch mit der Druckluftbremse genutzt werden kann.

Blick auf die Führerraumrückwand mit Lichtschalttafel (oben) und dem Handrad zur Bedienung der Feststellbremse. Die Tür links führt in den Maschinenraum. | *Foto: R. Meier*

Die elektrische Bremse lässt sich über das Führerbremsventil vom Typ Knorr FGD 1 P mit elektrischem Bremssteller, das Hilfsschütz der Notbremse oder das Hilfsschütz für das Bremsen mit der AFB auslösen. Erreichen die Bremswiderstände eine Temperatur von 550 °C, wird die Bremskraft auf 60 kN geregelt. Bei maximal 85 °C im Bremserregergleichrichter wird die Bremse durch eine Temperaturüberwachung automatisch ausgeschaltet.

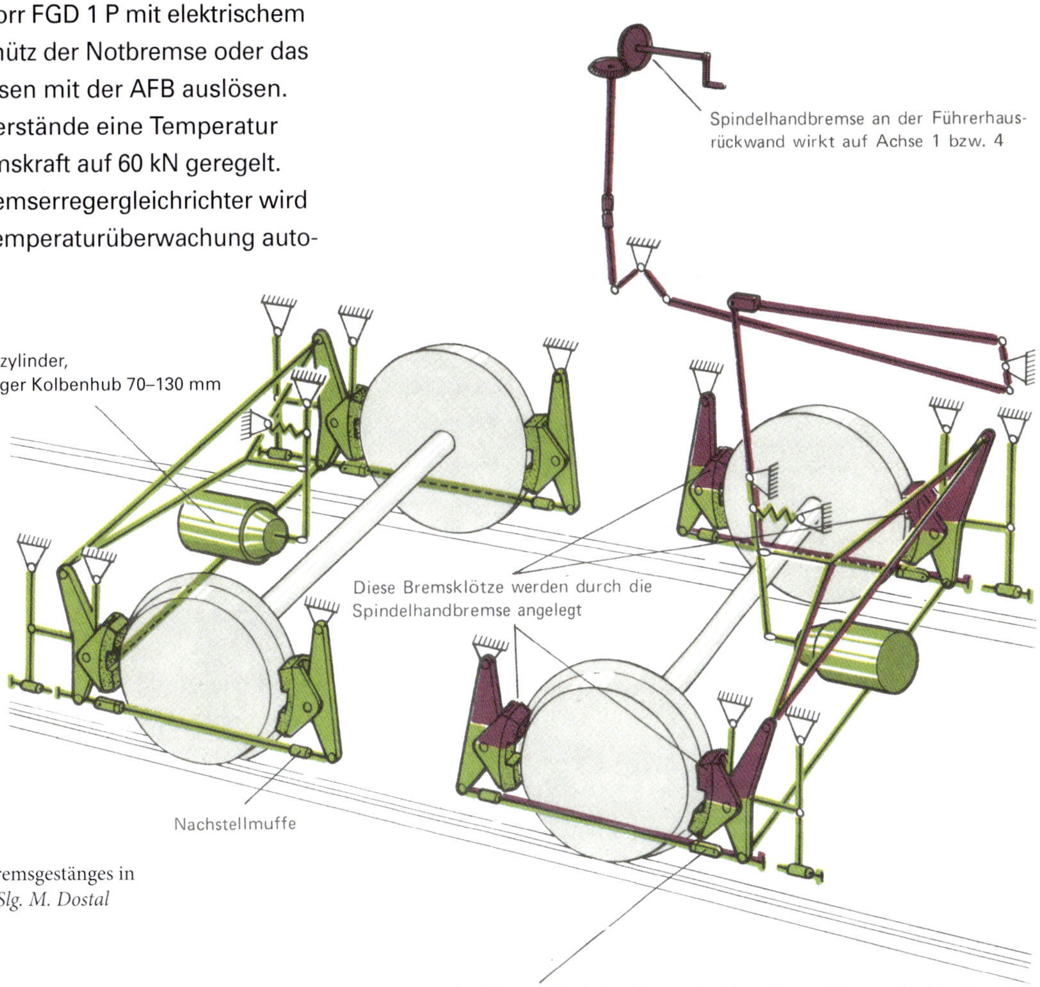

Schematische Darstellung des Bremsgestänges in einem Drehgestell. | *Zeichnung: Slg. M. Dostal*

Automatische Fahr- und Bremssteuerung

Die »Automatische Fahr- und Bremssteuerung« (AFB) ist an die LZB angeschlossen und gibt die von der LZB vorgegebenen Geschwindigkeiten automatische an die Lokomotive weiter. Somit kann eine vorgegebene Geschwindigkeit unabhängig von Steigungen, Gefällen oder sonstigen Schienenverhältnissen wie Nässe oder Glätte kontinuierlich ohne Zutun des Triebfahrzeugführers eingehalten werden. Greift der Fahrzeugführer durch manuelles Bremsen oder Beschleunigen ein, wird die AFB automatisch ausgeschaltet.

Damit die AFB arbeiten kann, bekommt sie von der LZB folgende Werte übermittelt:

- die maximal zulässige Höchstgeschwindigkeit des Triebfahrzeugs,
- die Sollgeschwindigkeit,
- die Zielgeschwindigkeit,
- den Bremsvorankündigungsweg,
- den Auslauf,
- den Bremsverzögerungssollwert und
- evtl. auftretende Störungen bei der Datenübertragung.

Der Druck in den Bremszylindern wird über einen am Radsatzlager montierten Bremsdruckregler geschwindigkeitsabhängig gesteuert. Bei Geschwindigkeiten über 60 km/h wird mit einem Druck von 8 bar gebremst, bei unter 60 km/h mit nur 3,8 bar. So lässt sich ein Festbremsen der Radsätze vermeiden. Die vier Bremszylinder werden über den Druckübersetzer aus einem 300 l fassenden Vorratsluftbehälter mit Bremsluft versorgt.

Der zweistufige Hauptluftpresser der Bauart VV 450/150-10 ohne Leerlaufeinrichtung speist den 800 l fassenden Hauptluftbehälter, der am Untergestell montiert ist. Er wird durch einen Gleichspannungsmotor angetrieben. Das Ein-und Ausschalten steuert ein Druckwächter. Zwischen dem Presser und dem Behälter sind Geräuschdämpfer, ein Nachkühler, ein Sicherheitsventil, ein Ölabscheider und ein Rückschlagventil montiert. Die Druckluft wird über die Hauptluftbehälterleitung (10 bar) und die Hauptluftleitung (5 bar) an die Verbraucher weitergeleitet.

Die Maschinen sind ab Werk mit einem Bremsgestängesteller vom Typ RL 1 des Entwicklers Svenska Aktiebolaget Bromsregulator (SAB) mit einer Nachstellkapazität von 350 mm ausgestattet. Mit ihm kann die Abnutzung der Bremssohlen verringert werden. Dies bringt den Vorteil, dass bei der Kontrolle der Loks auf das manuelle Nachstellen der Bremssohlen verzichtet werden kann. Diese Arbeit wurde bisher mit einer Zeit von einer Stunde pro Fahrzeug angesetzt.

Jedem Radsatz ist ein Bremszylinder mit einem Durchmesser von 14 Zoll zugeordnet. Er drückt die Bremssohlen über ein Gestänge von beiden Seiten auf die Laufflächen der Radscheiben. An jedem Radsatz sind acht Bremssohlen mit einer Länge von 300 mm und einem Radius von 718 mm in vier Bremsschuhen montiert.

Für die elektrische Bremse hat jeder Fahrmotor einen eigenen Bremswiderstand. Die maximale kurzzeitige Bremsleistung beträgt 3.700 kW bei einer Geschwindigkeit von 150 km/h. Erreichen die Bremswiderstände die maximal zugelassene Temperatur von 550 °C, wird der Bremsstrom abgeregelt und es verringert sich die Bremskraft.

Die Lokomotiven der ersten Serie hatten eine elektrische Bremse mit einer Ist-Wert-Erfassung und einer Bremskraftregulierung über einen Hallgenerator und einen Gleichstromwandler.

Nur die 111 040 hatte eine Regelung, mit der bei Doppeltraktionen auch der Bremsdruck der hinteren Lokomotive angezeigt werden konnte. Die Ausführung wurde ab der zweiten Serie verbaut und die 111 040 aus Gründen der Einheitlichkeit an die einfachere Bremsausführung der ersten Serie angepasst. Damit können nur die Maschinen ab 111 071 in Doppeltraktion bis zu einer Geschwindigkeit von 160 km/h eingesetzt werden. Doppeltraktionen mit anderen Baureihen sind nicht vorgesehen.

In jedem Führerraum befindet sich ein Notbremsventil, bei dessen Betätigung die Hauptluftleitung über einen großen Querschnitt schnell entlüftet wird. In den Bremsstellungen »R« oder »P« wird die elektrische Bremse über ein Hilfsschütz automatisch zugeschaltet. Die Bremskraft ist auf 60 kN begrenzt.

2009 begann die Ausrüstung der Baureihe 111 mit einer Notbremsüberbrückung. Damit kann der Zug auch bei gezogener Notbremse noch weiterfahren, um so beispielsweise einen Tunnel oder einen Gefahrenort zu verlassen.

Mit einer Spindelhandbremse können vom darüber liegenden Führerraum aus die Radsätze 1 und 4 festgelegt und somit das Wegrollen der Maschine verhindert werden.

2.1.4 Schleuderschutz

Ein Schleuderschutz verhindert das Durchdrehen einzelner Radsätze bei schlechten Witterungsverhältnissen und beim Anfahren an der Reibungsgrenze. Er kann entweder manuell vom Lokführer oder automatisch durch Messung von Motorstromdifferenzen vom Anfahrüberwachungsgerät ausgelöst werden. Der Schleuderschutz wird durch das Betätigen eines Kippschalters aktiviert.

2.1.5 Sandstreueinrichtung

Die Sandstreueinrichtung verbessert den Reibwert zwischen Rad und Schiene bei nassen oder glitschigen Schienen. Sie wird beim Anfahren und Bremsen benutzt. Wird die Einrichtung ausgelöst, bläst Druckluft den Sand durch Fallrohre vor den Radsätzen auf die Schienen.

2.1.6 Spurkranzschmierung

Die Spurkranzschmierung der Bauart Vogel vermindert die Abnutzung der Spurkränze bei Fahrten im Gleisbogen. Sie arbeitet mit Druckluft und wird elektropneumatisch gesteuert. Der Fettbehälter und die zugehörige Fettpumpe sind im Maschinenraum untergebracht. Die einzelnen Schmiervorgänge werden in regelmäßiger Abfolge in Abhängigkeit der zurückgelegten Fahrstrecke (ca. alle 250 m) ausgelöst. Dazu wird einer vorherbestimmten Anzahl Radumdrehungen ein elektrischer Impuls an das Steuergerät gesendet.

2.1.7 Lokkasten

Die Forderungen, die Loks der Baureihe 111 unter anderem mit einer

- verstärkten elektrischen Bremse mit Bremsgestängesteller,
- Pufferbohlen mit Stoßenergieverzehrelementen und der Möglichkeit zum Einbau einer automatischen Mittelpufferkupplung auszustatten, erhöhten das Gewicht der Maschinen so stark, dass an anderer Stelle Masse eingespart werden musste, um eine Radsatzlast von 21 t gewährleisten zu können. So griffen die Konstrukteure beispielsweise beim Lokkasten auf leichte und dünnwandige Materialien zurück.

Der Lokrahmen ist eine Schweißkonstruktion aus Längs- und Querblechen mit kastenförmigen Kopf- und Drehzapfenträgern. Der Rahmen wird oben von einem Deckblech abgeschlossen. Dieses Blech dient als Boden des Maschinenraums. Bodenklappen ermöglichen den Zugang zu den Fahrmotoren. Die runden Drehzapfen sind an die Drehzapfenträger angeschweißt.

Zwischen den Drehgestellen sind auf der linken Lokseite der Batteriekasten mit Batterie und Sicherungen sowie auf der rechten Seite das automatische Entwässerungsventil mit Heizpatrone und das Rückschlagventil mit Heizmanschette aufgehängt. Außerdem sind hier die Anschlüsse und Schalter für die elektrische Fremdeinspeisung angebracht.

Die abnehmbaren Kupplungsträger an beiden Enden können mit einer automatischen Mittelpufferkupplung oder einer normalen Schraubenkupplung mit Zughaken bestückt werden. Die nötigen Federwerke sind bereits vorhanden. Um Schäden bei Aufstößen möglichst schnell reparieren zu können, lassen sich die kompletten Kupplungsträger abnehmen und austauschen.

Der Lokkasten besteht aus Abkantprofilen, die von außen beblecht sind. Kasten und Rahmen sind miteinander verschweißt und bilden so den selbsttragenden Lokaufbau.

Im Gegensatz zu den Einheitselloks wurde bei den 111 auf Fenster in den Einstiegtüren verzichtet. Die Fallfenster wurden in die Seitenwände neben den Türen verlegt.

Der Aufbau der Führerräume ist so ausgeführt, dass diese nachträglich druckdicht gemacht werden können. Für die Geräuschdämmung sind die Trennwände und die Türen zum Maschinenraum mehrschichtig mit unterschiedlichen Dämmstoffen belegt. Die Decken und Böden sind ebenfalls gedämmt.

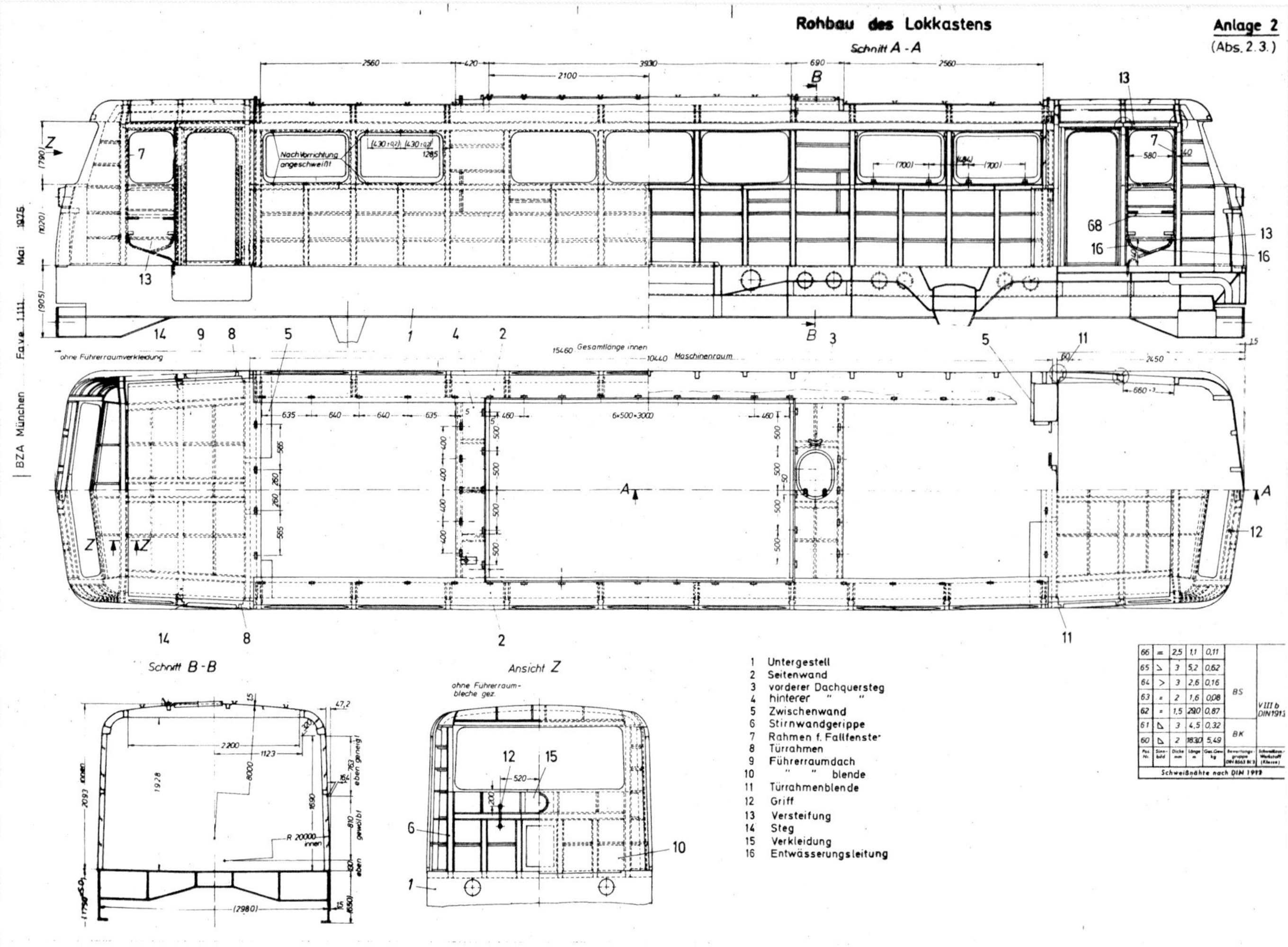

Kastengerippe des Aufbaus mit den drei großen Aussparungen im Dachbereich. | *Zeichnung: Slg. Dr. D. Hörnemann*

Blick von oben in den vollständig bestückten Maschinenraum. Die Öffnungen werden später durch Dachhauben verschlossen, die u.a. die Stromabnehmer tragen. | *Foto: Werkfoto*

Fertigung der Baureihe 111: Vorn ein Rahmen, der durch das Deckblech verschlossen ist. Durch die Öffnungen werden später Leitungen geführt. Hinten rechts ist die Rippenkonstruktion des Aufbaus zu erkennen, der schon teilweise verblecht ist.
| *Foto: Werkfoto*

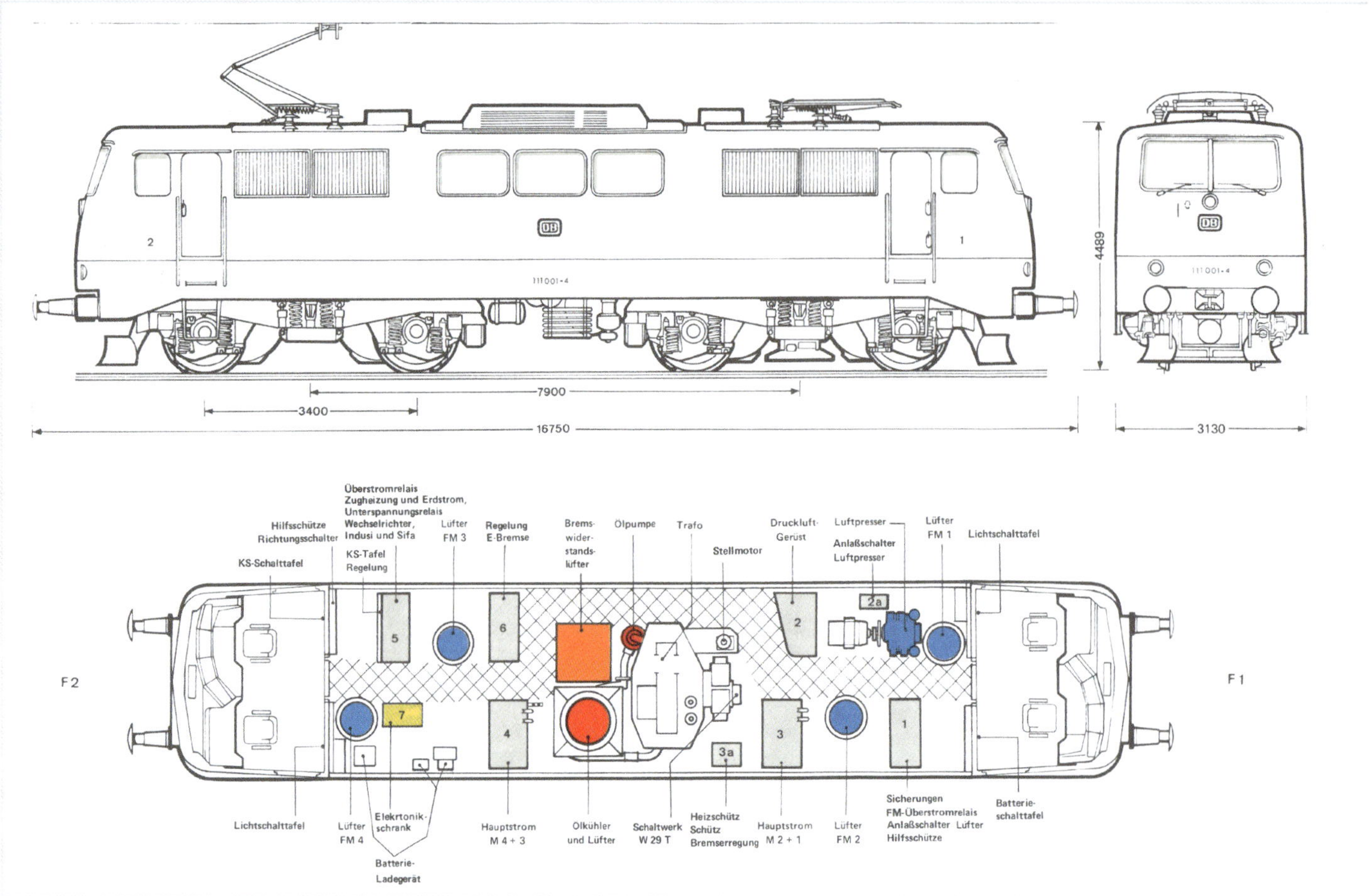

Seitensicht und Anordnung der Ausrüstung im Maschinenraum. | *Zeichnung: Slg. M. Dostal*

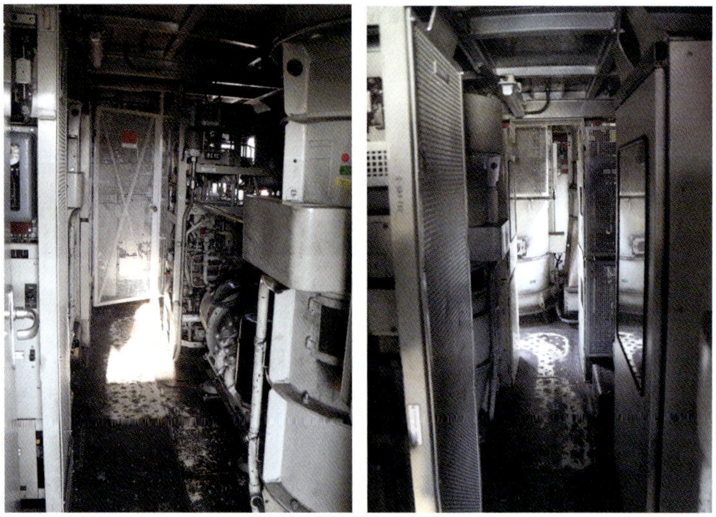

Links: Blick vom Führerraum 1 in Richtung Transformator, liegend rechts unten ist der Luftpresser zu erkennen. Rechts: Blick vom Führerraum 2 in Richtung Transformator. In der Mitte, halbverdeckt, steht der Bremswiderstandslüfter. | *Fotos: R. Meier*

2.1.8 Maschinenraum

Der Maschinenraum zwischen den beiden Führerräumen kann in einem Gang durchquert werden. Er ist über Drehtüren in den Rückwänden der Führerräume erreichbar. Der Gang ist an den Enden als Mittelgang ausgeführt, denn dort erfolgt die Luftansaugung für die Motoren. In der Mitte befindet sich der Gang auf der Seite, um so den Transformator samt Schaltwerk umgehen zu können. Unterhalb der Maschinenraumfenster an der linken Seitenwand sind der Werkzeugschrank, Ersatzschläuche, Erdungsstangen und weitere Ausrüstungsgegenstände zu finden.

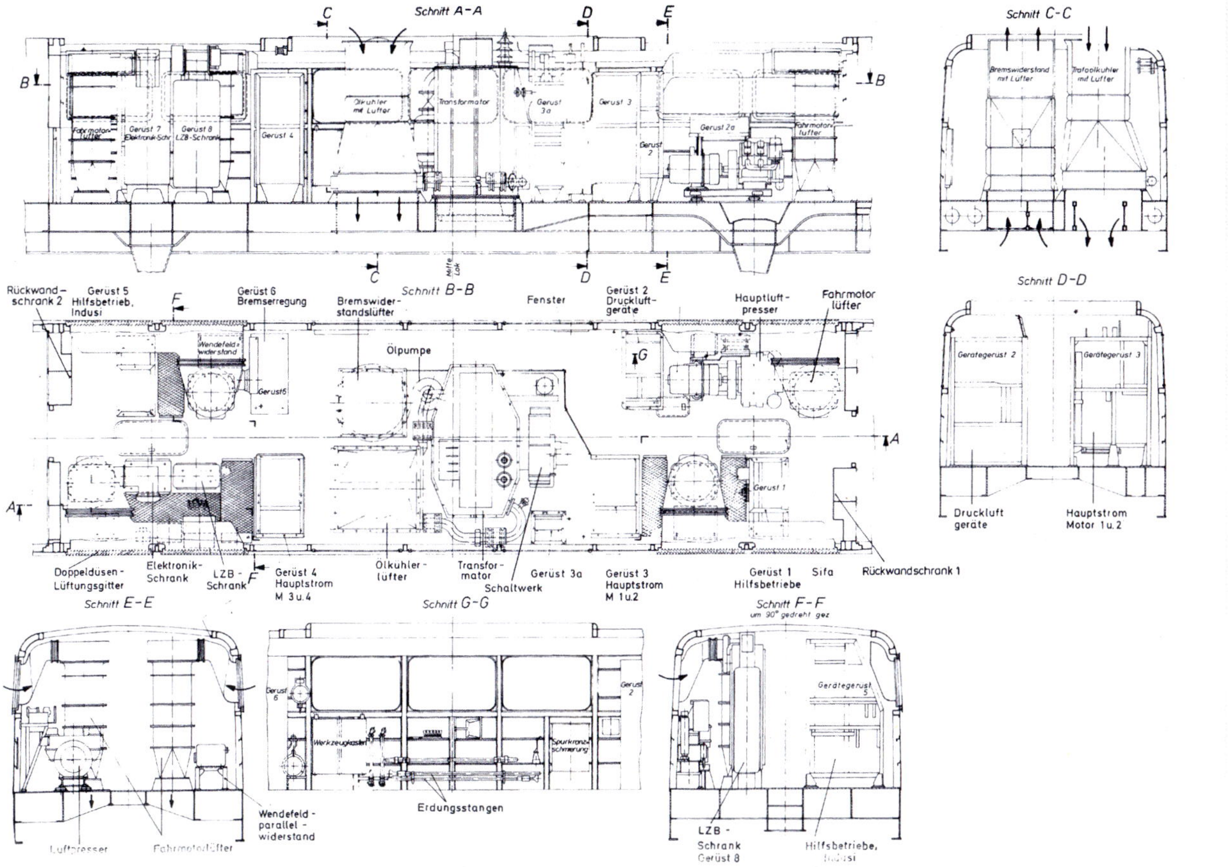

Anordnung der Ausrüstung im Maschinenraum und Kühlluftführung. | *Zeichnung: Slg. Dr. D. Hörnemann*

Neu bei der Baureihe 111 ist die direkte Belüftung. Hier wird die Kühlluft von außen nicht mehr in den Maschinenraum und dann zu den zu kühlenden Bauteilen geleitet, sondern von Lüftern durch die Doppeldüsenlüftergitter in den Seitenwänden und kurze Schächte mit Faltenbälgen an den Anschlussstellen den Motoren direkt zugeführt. Dies verhindert eine übermäßige Verschmutzung des Maschinenraums. Die hohe Anordnung der Seitenlüfter soll verhindern, dass Schmutz oder Flugschnee angesaugt werden. Damit kein Staub und Wasser in den Maschinenraum eindringen können, herrscht in diesem ein kleiner Überdruck. Die dafür benötigte Luft wird vom Ölkühlerlüfter abgezweigt.

Blick auf das Bremsgerüst mit den zugehörigen Druckwächtern. | *Foto: R. Meier*

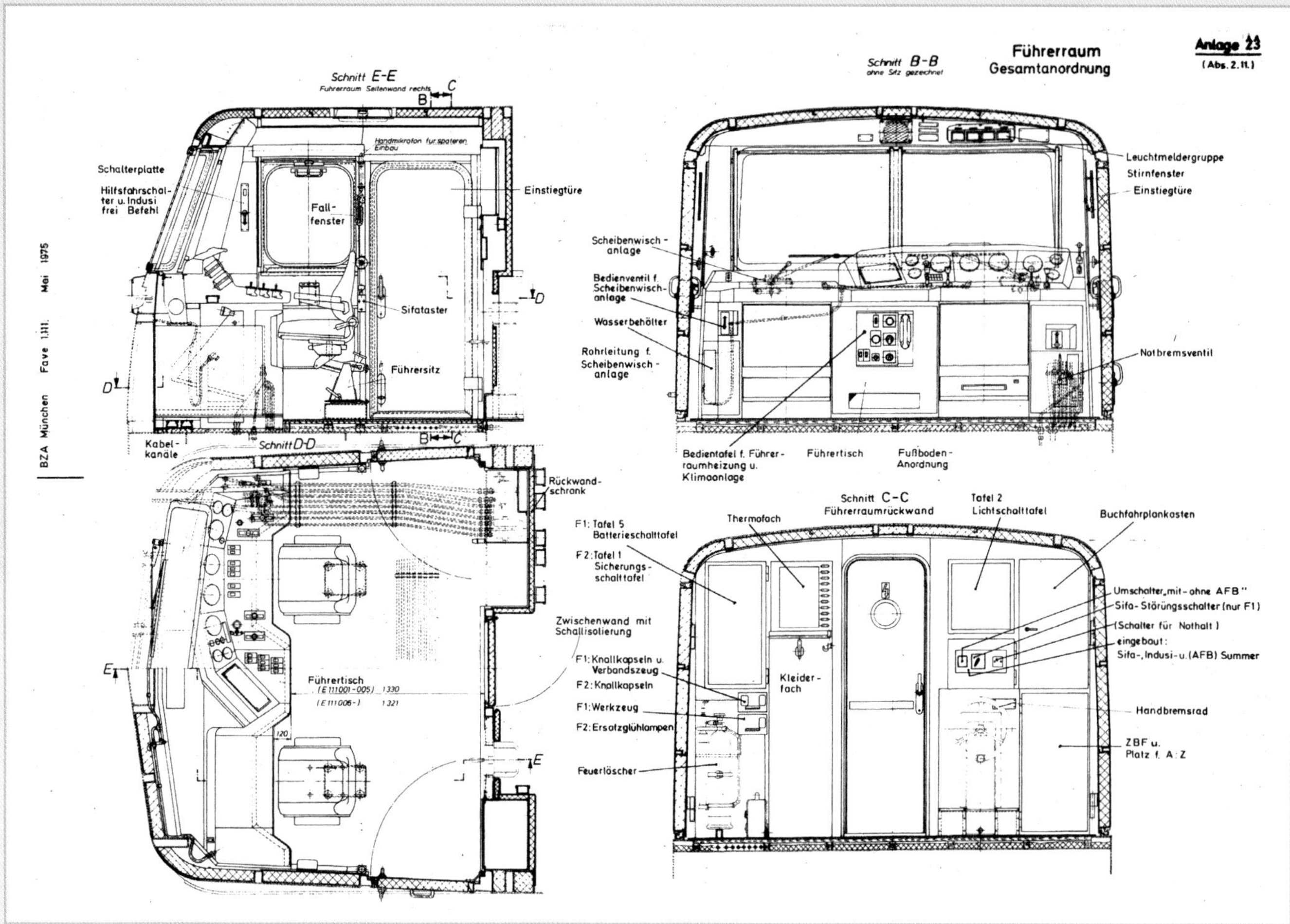

Ansichten und Schnitte des Führerraums. | *Zeichnung: Slg. Dr. D. Hörnemann*

Der Ölkühlerlüfter des Transformators ist ein Axiallüfter, der auf dem Ölkühler steht. Er saugt die Außenluft durch die seitlich angebrachten Lüftungsschlitze im Dachaufbau an. Nachdem sie den Kühler passiert hat, strömt die Luft unten aus der Lok.

Die Kühlluft des Bremswiderstandslüfters wird von unten durch den Brückenrahmen angesaugt und durch eine Dachöffnung aus der Lok geblasen. Der Lüfter wird bei einer elektrischen Bremsung mit der durch die Bremsung erzeugten elektrischen Energie versorgt.

Die Lüfter und die Gerätegerüste sind so im Maschinenraum aufgestellt, dass sie von nahezu allen Seiten gewartet und repariert werden können.
Müssen Geräte oder Aggregate ausgewechselt werden, kann dies über das Dach geschehen, das zu diesem Zweck drei abnehmbare, aus Aluminium gefertigte Dachsegmente mit einer lichten Breite von 2.200 mm hat. Zur Kontrolle der Dachaufbauten können die Segmente begangen werden. Dazu gibt es Gitterroste auf dem mittleren Dachsegment. Zwischen den Segmenten sind feste Dachteile vorhanden, die dem Aufbau Stabilität verleihen. Die ersten Maschinen hatten eine Ausstiegsluke aus dem Maschinenraum.

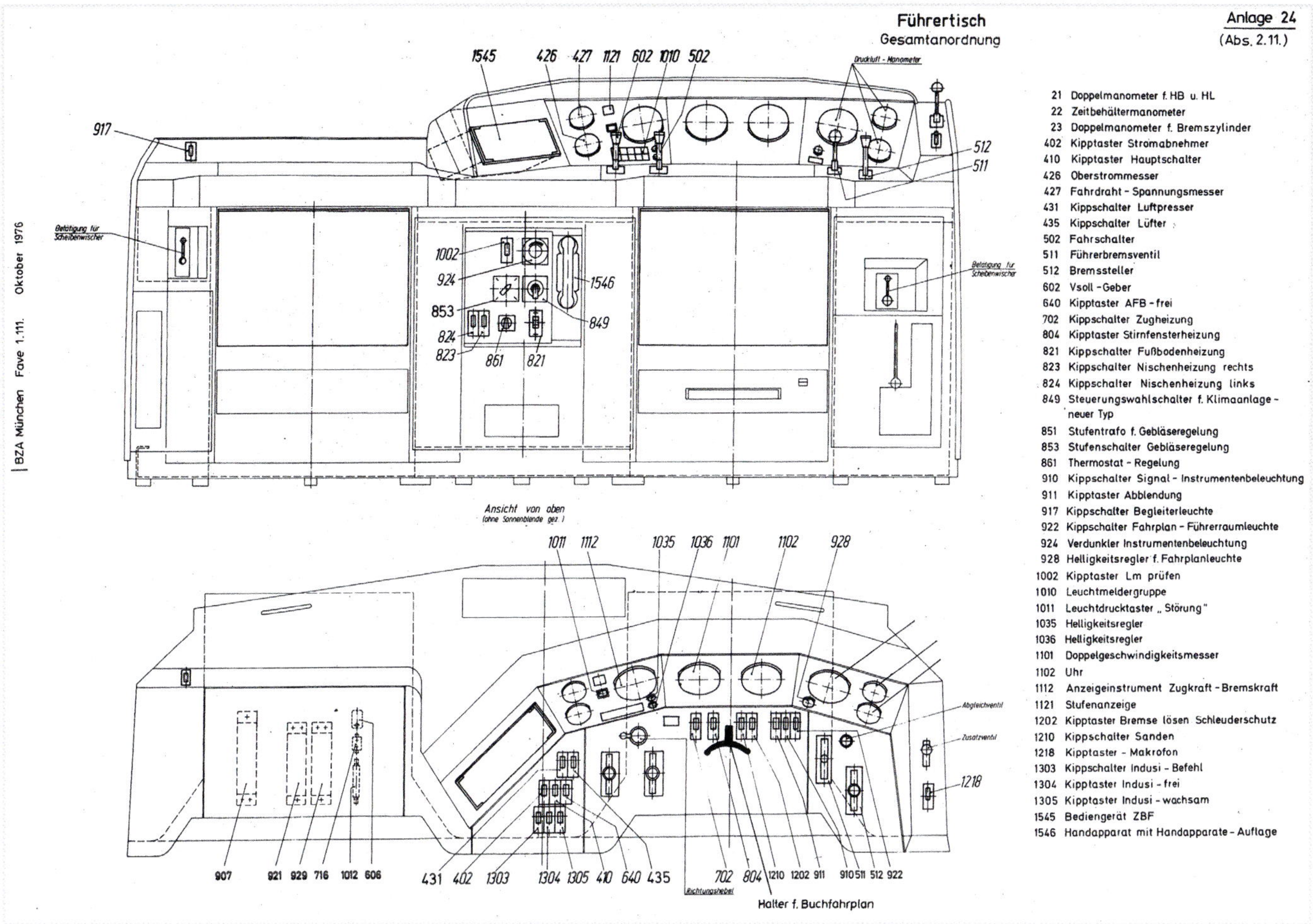

Detaillierte Darstellung des Führertischs mit Anordnung der Bedien- und Überwachungselemente. | *Zeichnung: Slg. Dr. D. Hörnemann*

Diese wurde jedoch nur selten genutzt und später fest verschlossen. Bei den höheren Betriebsnummern wurde auf die Luke verzichtet.

2.1.9 Führerraum

Der Führerraum wurde nicht von den Einheitsloks übernommen, sondern völlig neu entwickelt. Er wurde nach den damals neuesten arbeitsrechtlichen und technischen Standards ausgelegt. So forderte die Bahn eine ergonomische Sitzposition, eine gute Ablesbarkeit der blend- und spiegelfreien Rundinstrumente und eine gute Bedienbarkeit der Schalt- und Stellelemente. Bevor der neue Raum in die Lokomotiven eingebaut wurde, wurde vorab bei Krauss-Maffei in München ein Originalmodell gefertigt, dass von Lokführern und Arbeitsmedizinern besichtigt wurde, damit Änderungen noch in die Serienfertigung einfließen konnten. Das endgültige Führerpult mit seinen blendfreien Rundinstrumenten sollte zum »Einheitsführertisch« werden, der in später zu beschaffenden Lokomotiven und Steuerwagen Verwendung finden sollte. Das Führerpult unterteilt sich in einen Bereich mit den Anzeigeinstrumenten, die möglichst senkrecht in der Blickachse des Triebfahrzeugführers liegen sollen, und einen Bereich mit den Bedienelementen.

Blick in den neu entwickelten Führerraum, der sich stark von dem der Einheitselloks unterscheidet. So hat der Triebfahrzeugführer zur Steuerung kein Handrad mehr, sondern einen Fahrhebel, der nach vorn oder hinten gestellt werden kann.
| *Foto: Slg. B. Rampp*

Folgende Werte werden auf dem Führerpult angezeigt: Fahrdrahtspannung (kV), Oberstrom (A), Fahrmotor-Zugkraft (kN), Bremskraft (kN), Schleudern und Gleiten. Dabei sind für die Zug- und Bremskraft sowie für Schleudern und Gleiten Mehrfachinstrumente vorgesehen.

Das runde Fahrschalterrad der Einheitselloks ist einem Fahrhebel zur Anwahl der einzelnen Fahrstufen gewichen. Der Hebel hat die Stufen »0 – Ab – Fahrt – Auf – Zugkraft«. In die ersten drei Stellungen rastet der Hebel ein. Die Stellung »Auf« kann nur nach Herunterdrücken des Hebels erreicht werden. Er muss in dieser Stellung gehalten werden. Wird der Hebel losgelassen, fällt er selbstständig in die Position »Fahrt« zurück.

Durch Bewegen des Fahrhebels in die Position »Zugkraft« wird die Zugkraftsteuerung aktiviert. Das im Fahrschalter eingebaute Sollwertpotentiometer gibt dann einen Sollwert an das Grenzwertüberwachungsgerät. Dieses Gerät bewirkt ein Auf- oder Ablaufen des Schaltwerks im Rahmen der eingestellten Grenzwerte, bis die gewünschte Zugkraft erreicht ist.
In den Fahrschalter ist ein Taster der Sicherheitsfahrschaltung eingebaut. Dieser Taster wird durch das Drücken des Fahrhebels aktiviert.

Der Richtungsschalter ist gegenüber dem Fahrhebel verriegelt. Somit kann der Richtungsschalter nur betätigt werden, wenn der Fahrhebel in der Stellung»0« steht.

Alle nichtbetriebswichtigen Leuchtmelder wurden in einem Tableau über den Frontfenstern platziert.

Die beiden Sitze für den Triebfahrzeugführer und den Beimann sind auf dem Boden festgeschraubt. Sie lassen sich vertikal und horizontal individuell einstellen. Die Loks können auch im Stehen gefahren werden.

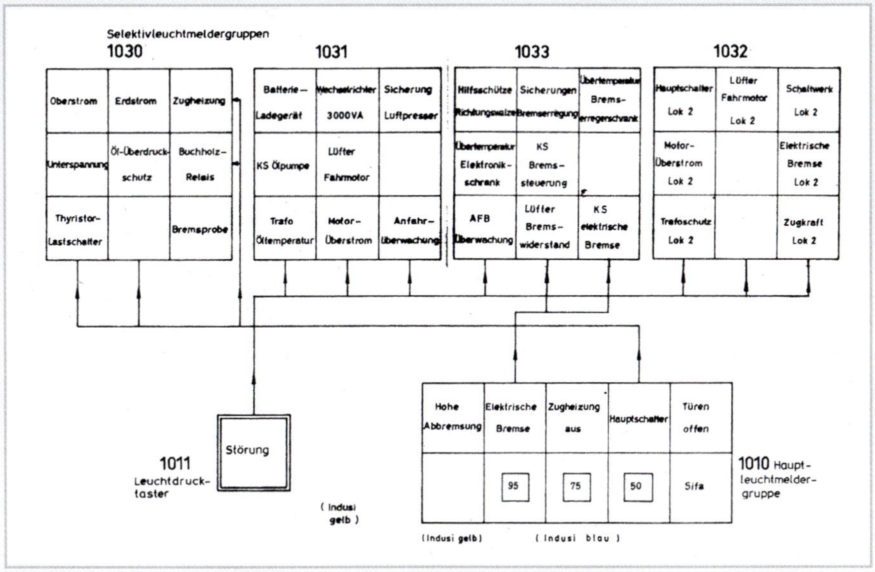

Leuchtmeldergruppe im Führertisch, die den Zustand der Lok wiedergibt. | *Zeichnung: Slg. Dr. D. Hörnemann*

Sicherungskasten an der Rückwand des Führerraums. Rechts davon befindet sich das Thermofach, in dem das Personal Speisen und Getränke erwärmen kann. | *Foto: R. Meier*

In den Rückwänden der Führerräume sind unter anderem die Sicherungsschränke, Batterie- und Lichtschalttafeln, Thermofächer, Buchfahrplankästen, Feuerlöscher, Kleiderfächer und Werkzeugfächer zu finden.

Eine Luftheizung, eine Fußboden- und Seitenwandplattenheizung sowie eine Wärmedämmung aus Polyurethanschaum sorgen für ein angenehmes Klima in den Führerräumen. Die Plattenheizung wird über Kippschalter jeweils für die rechte und linke Raumhälfte getrennt geschaltet. Die Luftheizung hängt am Steuerungswahlschalter, mit dem die Klimaanlagen der angehängten Reisezugwagen geschaltet werden. Dank einer guten Schalldämmung konnte die Lärmbelastung (bei 150 km/h) von über 80 dB(A) bei der Baureihe 110 auf 75 dB(A) bei der Baureihe 111 reduziert werden.

Die großen, zweiteiligen Stirnfenster mit nur schmalem Mittelsteg sind elektrisch beheizbar. So kann ein Beschlagen verhindert werden. Verbundglasscheiben sollen die Sicherheit bei Beschädigungen erhöhen. Pneumatisch angetriebene Scheibenwischer und Scheibenwaschanlagen sorgen ebenfalls für eine gute Sicht auf die Strecke. Die Fenster bestehen aus zwei Glasschichten mit einer Gesamtdicke von 12 mm.

2.2 Elektrischer Teil

2.2.1 Stromabnehmer

Die Dachausrüstung der Baureihe 111 besteht aus zwei Dachstromabnehmern der Bauarten DBS 54 (Dozler-Bahn-Stromabnehmer, Entwicklungsjahr 1954, Schere) oder SBS 65 (Siemens-Bahn-Stromabnehmer, Entwicklungsjahr 1965, Einholm) mit auf dem Lokdach montierten Hub- und Senkantrieben. Die zwischen dem Antrieb und dem Stromabnehmer auftretenden Kräfte verursachten immer wieder Schäden an den Aluminium-Dachhauben der 111. Deshalb wurden ab der dritten Serie Einholmstromabnehmer von Typ SBS 81 mit druckluftgesteuertem Hub- und Senkantrieb im Stromabnehmer verbaut.

Die Stromabnehmer lassen sich mit einem Kippschalter vom Führerpult aus heben und senken.

Einholmstromabnehmer der Bauart SBS 65 (Siemens-Bahn-Stromabnehmer, Entwicklungsjahr 1965) auf der 111 111. | *Foto: M. Dostal*

Um die Stromabnehmerbauarten tauschen zu können, war eine Vierpunktbefestigung nötig, die sehr genau an das Dach angepasst werden musste. Die Anpassung wäre bei einer Dreipunktbefestigung, wie beim SBS 65 möglich, einfacher gewesen.

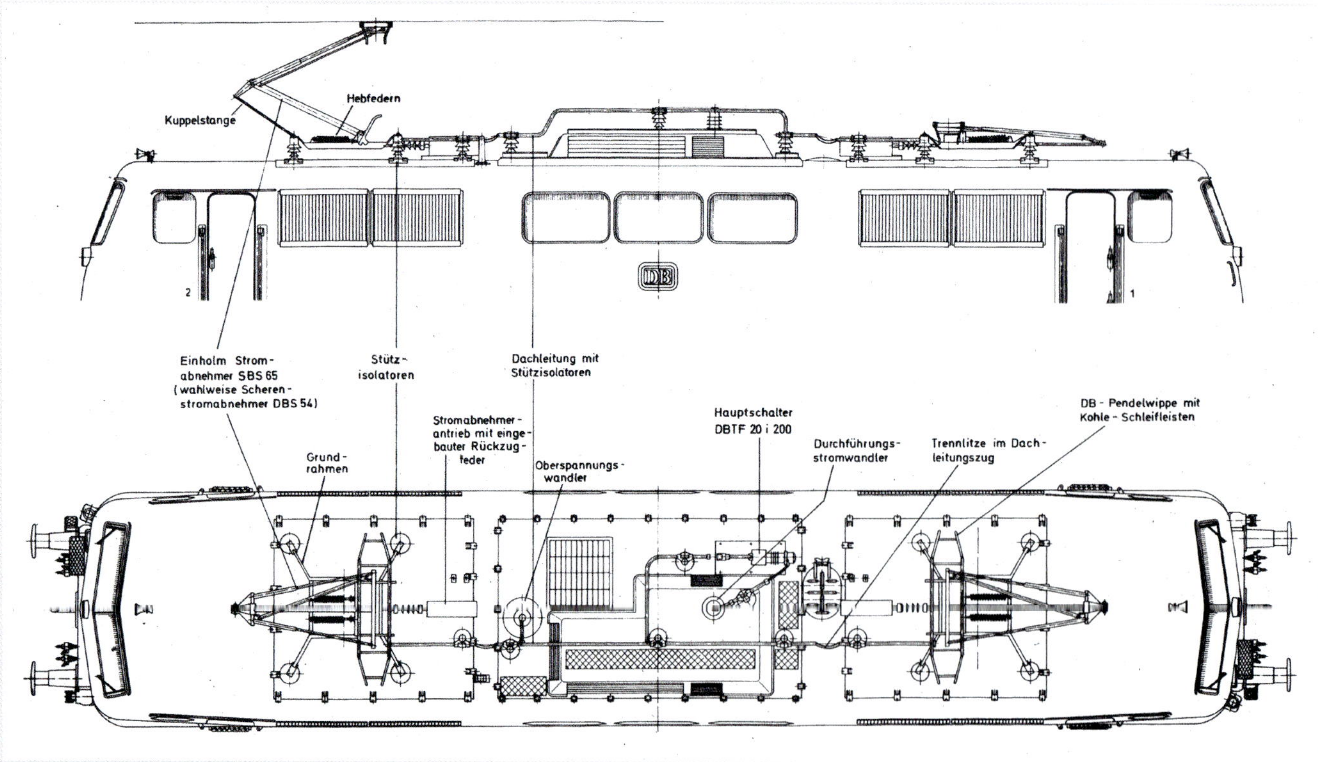

Anordnung der Ausrüstung auf dem Lokomotivdach. | *Zeichnung: Slg. Dr. D. Hörnemann*

Die 111 103 ist mit einem Versuchsstromabnehmer vom Typ WBL 80 am 15. August 1983 in Böblingen eingetroffen. | *Foto: M. Treutler*

Bei auf der 111 101 erprobten Bauart SBS 84 handelt es sich um eine Gemeinschaftsentwicklung von Siemens und ETK (ex Wanisch). Auf den 111 wurden aber nicht nur neue Stromabnehmer verbaut, sondern auch ältere Bauarten abgefahren. So hatten 111 103, 189, 196, 201 und 202 zeitweise je zwei Stromabnehmer der Bauart SBS 80 AL (Aluminium), die ursprünglich auf den Loks der Baureihe 1200 liefen. Später waren auch kurzzeitig die 111 190, 203, 209, 210, 213, 216 und 227 mit den SBS 80 AL unterwegs.

Stromabnehmertausch und Versuchsstromabnehmer

Kurz nach der Ablieferung der ersten Lokomotiven der Baureihe 111, die ab Werk Einholmstromabnehmer vom Typ SBS 65 trugen, kam es zu einem Abnehmertausch mit der 200 km/h schnellen Baureihe 103. Es hatte sich nämlich gezeigt, dass die auf der Baureihe 103 gelieferten Scherenstromabnehmer vom Typ DBS 54a bei Geschwindigkeit von über 160 km/h nur bedingt einsetzbar waren. Der Typ DBS 54a entspricht den DBS 54, hat aber die breitere Wippe der Bauart Wanisch und eine Oberscherendämpfung. Nach mehreren Oberleitungsschäden durch dem DBS 54a entschloss sich die Bundesbahn, die für 200 km/h zugelassenen SBS 65 auf die 103 zu setzten, die DBS 54a mit normalen Schleifstücken auszurüsten und sie so als DBS 54 auf den Loks der Baureihe 111 zu verwenden. Denn sowohl die 111 als auch die DBS 54 sind für eine Höchstgeschwindigkeit von 160 km/h zugelassen. Von diesem Tausch – der bis 1978 abgeschlossen war – waren 111 001 bis 040 und 111 071 bis 110 betroffen.
Schon 1979 kam es erneut zu einem Stromabnehmertausch, denn die für das IC-79-System benötigen 111 071 bis 111 110 mussten einen Einholmstromabnehmer der Bauart SBS 65 bekommen, denn sie sollten in Doppeltraktion mit 160 km/h eingesetzt werden. Dies war mit den DBS 54 nicht möglich, denn sie beeinflussten sich bei diesen Einsätzen gegenseitig zu stark über die Oberleitung. Die SBS 65 kamen dabei von werksneuen 111, die dafür die alten DBS 54 bekamen. Dabei waren 111 023, 024, 046 und 059 zeitweise mit je einem DBS 54 und einem SBS 65 unterwegs.
Außer Tauschaktionen gab es bei der Baureihe 111 auch Untersuchungen mit neuen Versuchsstromabnehmertypen. So bekam die 111 080 Ende 1979 einen Einholmabnehmer der Bauart WBL 79 (Wanisch-Bahn-Stromabnehmer mit Luftbalgantrieb, Entwicklungsjahr 1979) des Salzburger Herstellers Wanisch. Seine Anpresscharakteristik konnte aber nicht überzeugen und der Abnehmer wurde wieder abgebaut. Anfang 1980 wurden die 111 102 bis 105 und 111 109 mit verbesserten Ausführungen dieses Abnehmers, dem WBL 80 bzw. dem WBL 85 bestückt. Diese Abnehmer wurden mit dem Knie zur Lokmitte hin montiert. Es wurde immer nur ein Abnehmer ausgetauscht, der andere blieb ein Regelabnehmer.

Die 111 025 ist eine der wenigen Maschinen, die mit Stromabnehmern der Bauart DAS 200 ausgerüstet wurden. Diese Bauart hat eine Schleifleistenüberwachung. Am 14. März 2016 fährt die Lok durch Fellbach. | *Foto: M. Dostal*

Die neueste ist die Bauart DSA 200 (Dornier Stromabnehmer in Aluminiumbauweise, 200 km/h). Diese Abnehmer sind eigentlich für die Baureihen 101, 145 und 185 vorgesehen. Waren aber auch auf den Baureihen 140, 151 und 155 unterwegs. Die Bauart DAS 200 ist mit einer Schleifleisten-Überwachung ausgestattet, die ein selbsttätiges Absenken des Abnehmers bei einem Schleifleistenbruch durchführt. Bisher sind nur die 111 018 und 025 mit diesem Stromabnehmer bekannt.

Hauptschalter Typ DBTF 20 i 200 auf dem mittleren Dachsegment der Baureihe 111. | *Foto: M. Dostal*

Von den Stromabnehmern gelangt die elektrische Energie über eine kurze Dachleitung zum Einheitshauptschalter des Typs DB TF 20 i 200 – einem Druckluftschnellschalter – auf dem mittleren Dachsegment. Er verbindet die Dachleitung durch die Hochspannungsdurchführung mit der Stufenwicklung des Haupttransformators. Im Durchführungsisolator ist ein Oberstromwandler eingebaut. Ein Überspannungsableiter ist nicht vorhanden, denn die Erfahrung hatte gezeigt, dass bei den vorhandenen Lokomotiven bisher keine Schäden durch Überspannungen aufgetreten waren. Somit konnten Gewicht und Unterhaltungsaufwand eingespart werden.

2.2.2 Transformator

Der fremdbelüftete und ölgekühlte Haupttransformator gehört zum Typ EFPT 6842.111. Bei ihm handelt es sich um einen dreischenkeligen Transformator mit Zwangsölumlauf und Zwangskühlung, mit stehendem Mantelkern und einer Nennleistung von 4.040 kVA. Die Hilfsleistung beträgt 108 kVA, die Heizleistung 700 kVA. Die Fahrstufenwicklung auf einem Außenschenkel hat 29 Anzapfungen, dazu kommen besser isolierte Wicklungen für die Hilfsbetriebe, die Bremserreger und die Heizung. Der andere Außenschenkel dient dem magnetischen Rückfluss. Auf dem mittleren Schenkel sitzen die Oberspannungs- und die Unterspannungswicklung. Der Transformator steht in einem der Maschinenraumgeometrie angepassten Kessel. Ein zweistufiger Buchholzschutz erkennt Isolationsschäden am Transformator. Er registriert mit zwei Schwimmern die Gasbildung im Transformatoröl oder einen Mangel an Trafoöl.

Buchholzrelais oder Buchholzschutz

Der Buchholzschutz wurde 1921 von Max Buchholz, seines Zeichens Gründungsmitglied des VDE Kassel im Jahr 1922 und Vorstand des »Preußischen Maschinenbauamts Kassel«, entwickelt.

Max Buchholz untersuchte Schäden an Transformatoren und erkannte, dass durch heiße Lichtbögen die Isolierung der Wicklungen – meist an der Oberspannungsseite – zerstört wurde, sodass Trafoöl verdampfte und dabei Gase freisetzte. Dies führte zur Entwicklung eines Gerätes bzw. Relais, dass diese Beschädigungen erkannte und den Trafo abschaltete.

Der Buchholzschutz muss in die Verbindungsleitung zwischen dem ölgefüllten Transformatorgehäuse und dem oberhalb montierten Ausdehnungsbehälter eingebaut werden. Das Verbindungsrohr muss dabei leicht zum Ausdehnungsbehälter hin ansteigen, damit die freigesetzten Gase und Dämpfe aufsteigen und sich im Relais sammeln können. Im Relais befinden sich elektrisch angeschlossene Schwimmer, die die Füllhöhe des Öls bzw. das Volumen des Gases messen und bei Bedarf Alarm auslösen.

Neben dem Transformator ist das Hochspannungsschaltwerk vom Typ Siemens W 29 T mit lichtbogenfreier Umschaltung im Spannungs-Nulldurchgang aufgestellt. Es wird durch einen elektrischen Stellmotor mit nachgeschaltetem Schneckengetriebe angetrieben und hat einen stromlos schaltenden Flachbahn-Stufenwähler. Damit der Fahrstufenwechsel ohne Stromfluss erfolgen kann, ist in die Verbindung zur Oberspannungswicklung ein Lastumschalter mit zwei Thyristorgeräten eingebaut. Um die Thyristoren vor einer Überlastung zu schützen, gibt es jeweils eine Schmelzsicherung. Das Schaltwerk schaltet die Fahrstufen solange wie sich der Fahrhebel in den Stellungen »Ab« oder »Auf« befindet. In der Stellung »Fahrt« behält das Schaltwerk die gewählte Fahrstufe bei. Wird der Fahrhebel in die Stellung »Z« gebracht, wird über ein Potenziometer ein Sollwert für die Zugkraft festgelegt. Wird der Fahrhebel auf »0« gesetzt, so schalten sich die Motortrennschütze aus und das Schaltwerk läuft zurück auf die Stufe 0.

2.2.3 Fahrmotoren

Als Fahrmotoren wurde bei der Baureihe 111 solche vom Typ WB 372-22 fc der Siemens-Schuckertwerke (SSW) verwendet. Die fremdbelüfteten, 14-poligen Reihenschluss-Kommutatormotoren sind mit einer Erreger-, einer Wendepol- und einer Kompensationswicklung ausgestattet. Sie sind mit Material der Klasse F isoliert.

Alle vier Fahrmotoren sind parallelgeschaltet und werden von der Unterspannungswicklung des Haupttransformators mit Spannung versorgt. Die Fahrmotoren werden durch die Motortrennschütze eingeschaltet, wenn der Fahrschalter von der Stellung »Fahrt« nach »Auf« verschoben wird.

Beim elektrischen Bremsen werden die Anker der Fahrmotoren durch die Fahrbremswender mit den Bremswiderständen in Reihe geschaltet und so der Bremsstromkreis gebildet.

Technische Daten

Fahrmotor	Typ WB 372-22 fc
Nennleistung* (kW)	925
Nennspannung * (V)	487
Nennstrom (A)	2.080
Stundenleistung (kW)**	810
Dauerleistung (kW)**	770
Höchstdrehzahl (1/min)	1.523

* bei 90 % der größten Leerlaufspannung des Transformators

** bei 70 % Vmax (kW)

2.2.4 Hilfseinrichtungen

Zu den Hilfseinrichtungen gehören eine Speicherbatterie für die Gleichspannungseinrichtungen der Lokomotive, ein dreistufiger Kompressor der Einheitsbauart für die Druckluftbremse, ein Hilfswechselrichter und die Lüftermotoren.

Die Gleichspannungsanlage mit einer Spannung von 110 V versorgt die Steuerung der Stromabnehmer, den Hauptschalter, die Hilfsbetriebe, Richtungswender, Trennschütze, die Sicherheitsfahrschaltung und die Beleuchtung.

Zur Kühlung des Haupttransformators, der Fahrmotoren und der Bremswiderstände werden Einheitslüfter verwendet, die auch in den Baureihen 110 und 140 zu finden sind.

Die Kühlluft für die Fahrmotoren wird direkt über Ansaugkanäle und je zwei Doppeldüsenlüftergitter in der Seitenwand angesaugt. Die zweistufigen Hochleistungs-Axiallüfter werden mit Wechselspannung gespeist und haben eine Leistung von 9 kW.

Ein einstufiger Einzylinder-Hilfsluftpresser dient bei ungenügendem Druck im Hauptluftbehälter zum Aufrüsten der Lokomotive. Er wird von einem Gleichspannungsmotor angetrieben und erzeugt die zum Heben der Stromabnehmer benötigte Druckluft.

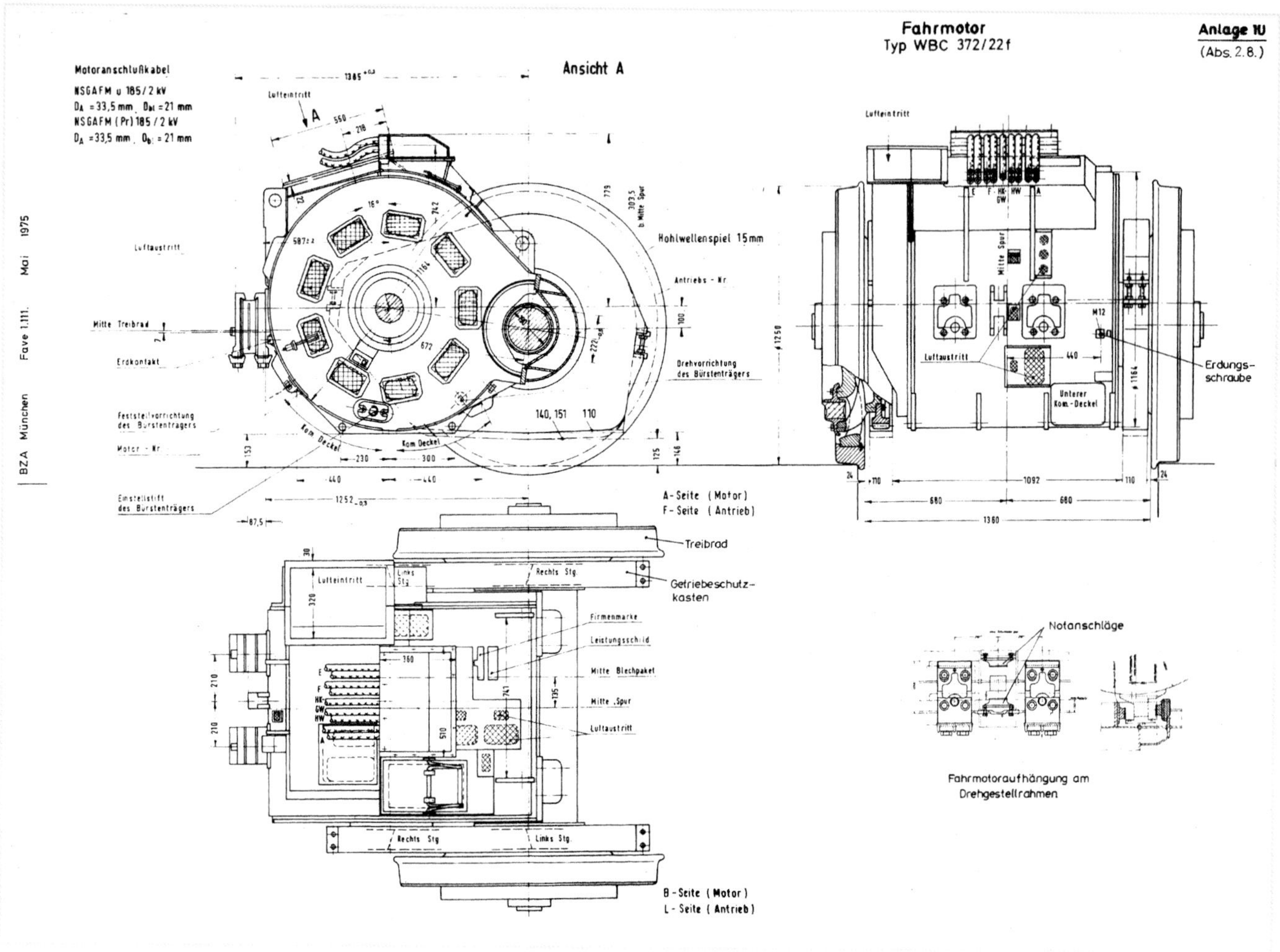

Ansichten des Fahrmotors vom Typ WBC 372/22f. | *Zeichnung: Slg. Dr. D. Hörnemann*

Ein Hilfswechselrichter mit einer Leistung von 3,0 kVA erzeugt eine Wechselspannung von 220 V und 50 Hz. Er erhält seine Energie aus der Gleichspannungsbatterie. Mit dieser Spannung werden u.a. die Bremsregelung, der Zugbahnfunk, die Induktive Zugsicherung (Indusi) und das Thermofach versorgt.

Einfache Stirnleuchten mit Halogenlampen bilden die Spitzen- und die Schlussbeleuchtung. 1992 und 1993 bekamen die 111 012, 044, 054, 072 und 206 versuchsweise zusätzliche Halogenscheinwerfer neben den unteren Spitzenlichtern. Sie sollten nachts die Sicht auf die Strecke verbessern. Später wurden diese Scheinwerfer wieder abgebaut.

Die Hilfsbetriebewicklung am Haupttransformator dient zur Versorgung der Zugheizung. Der Heizstrom fließt von dort über den Heizstromwandler, den Heizschütz, den Erdstromwandler und die Hauptheizleitung zu den Heizkupplungen an den Stirnseiten der Lokomotive.

Jeder Fahrmotor hat seinen eigenen Lüfter.
Foto: R. Meier

Am 9. August 1987 hat das Bw München Hbf seine Pforten für Besucher geöffnet und zeigt dort u.a. die 111 212 auf der Hebebühne sowie die fabrikneue 120 109, die noch auf ihre Abnahme wartet.
| *Foto: W. Bügel (Archiv Eisenbahnstiftung)*

Zu Testzecken wurden einige 111 mit zusätzlichen Fernscheinwerfern ausgerüstet, darunter die 111 012. Die Scheinwerfer brachten aber nicht die gewünschte Verbesserung der Sicht und wurden wieder abgebaut. (Nürnberg Hbf, 1. März 1993)
| *Foto: M: Dostal*

2.2.5 Sicherheitseinrichtungen

Zu den Sicherheitseinrichtungen der Baureihe 111 gehört auch das Anfahrüberwachungsgerät vom Typ L 72. Es hat die folgenden Aufgaben:

- die Begrenzung der Motorströme auf den höchst zulässigen Wert,
- die Begrenzung der Motorströme auf jeden beliebigen Zwischenwert in Abhängigkeit von stufenlos vorgegebenen Sollwerten,
- die Begrenzung der Motorströme in Abhängigkeit einer einstellbaren Funktion der Haftreibungszahl (Curtius-Kniffler Kurve),
- die Begrenzung der Motorspannung auf den höchst zulässigen Wert,
- die Begrenzung des Oberstroms auf den höchst zulässigen Wert,
- die Auswahl der größten von vier oder mehr Motorströmen und Erfassung der Differenz zwischen größtem und kleinstem Motorstrom und
- die Auswertung der Differenz zur Bedienung der Schleuderschutzanlage.

Bei ihrer Ablieferung wurden die Maschinen mit einer Zwei-Kanal-Sicherheitsfahrschaltung (Sifa) und einer induktiven Zugsicherung der Bauart I 60 ausgestattet. Um bei Geschwindigkeiten von über 140 km/h den zweiten Mann auf dem Führerstand einsparen zu können, wurde in den 1990er-Jahren die Indusi der Bauform I 60 R verbaut. Sie hat eine rechnergestützte Überwachung der vorgegebenen Bremswege. Das Indusi-Schaltgerät wird über einen Wechselrichter mit 24 V Gleichspannung versorgt.

Ab 2003 war eine punktförmige Zugbeeinflussung (PZB 90) vorgeschrieben, mit der die Indusi I 60 R kombiniert wurde.

Auch die erweiterte Ausführung LZB/I 80 war bei der 111 zu finden. So stattete die Bahn Mitte der 1990er-Jahre die 111 057, 058 und 060 im Rahmen des Projekts »CIR-ELKE« mit diesen Geräten aus. Sie wurden auf der Teststrecke zwischen Offenburg und Basel eingesetzt. Später erhielten insgesamt 20 Lokomotiven diese Ausrüstung. Zur Kommunikation mit Dienststellen war zunächst ein analoger Zugbahnfunk (ZBF) vorhanden. Dieser wurde inzwischen vom digitalen Mobilfunk GSM-R (Global System for Mobile Communikations – Rail) abgelöst. GSM-R ist ein digitales Mobilfunksystem, das auf dem weitverbreiteten Mobilfunkstandard GSM aufbaut, jedoch für die Nutzung im Eisenbahnverkehr entsprechend erweitert wurde.

Zusätzlich steht dem Personal der »Elektronische Buchfahrplan und Verzeichnis der Langsamfahrstellen« (EBuLa) zur Verfügung. EBuLa ersetzt die gedruckten Buchfahrpläne mit den Fahrzeiten- und Geschwindigkeitsheften, die bisher im Führerraum von Triebfahrzeugen und Steuerwagen vorhanden sein mussten.

Technische Daten

Länge über Puffer (mm)	16.750
Drehzapfenabstand (mm)	7.900
Radsatzstand im Drehgestell (mm)	3.400
Gesamter Radsatzstand (mm)	11.300
Höhe (mm)	4.489
Radsatzanordnung	Bo'Bo'
Dienstmasse (t)	84,0
Radsatzfahrmasse (t)	21,0
Raddurchmesser (mm)	1.250
Vmax (km/h)	150***
Nennleistung (kW)*	3.700
Dauerleistung (kW)**	3.080
Stundenleistung (kW)**	3.240
Dauerzugkraft (kN)	112
Größte zul. Anfahrzugkraft (kN)	280
Stromsystem	15 kV/16,7 Hz ~
Indienststellung	1975 – 1984

* bei 120 km/h, ** bei 70% Vmax, *** später 160 km/h

S-Bahn-Ausrüstung

Damit die Lokomotiven der Baureihe 111 im S-Bahn-Dienst im Rhein-Ruhr-Gebiet genutzt werden konnten, mussten sie zuvor mit den dafür benötigten Einrichtungen ausgestattet werden.

Weil in der Regel im S-Bahn-Betrieb kein Zugbegleiter mitfährt, muss hier der Lokführer diese Aufgaben übernehmen. Dazu gehören das Freigeben und das Schließen der Türen an den einzelnen Haltepunkten sowie die zugehörige Überwachung dieser Vorgänge. Zusätzlich müssen die Haltestellen angesagt und der Zug bei der Abfahrt überwacht werden.

Zur Bedienung der Türen findet der Triebfahrzeugführer entsprechende Tasten auf dem Führerpult. Zur Überwachung der Türen blinken oberhalb der Stirnfenster zwei orangefarbene Leuchtmelder, solange noch Türen offen sind. Nach dem Schließen bleibt an den Türen der Druck in Schließzylindern erhalten, sodass die Türen während der Fahrt nur mit Gewalt geöffnet werden können. Die Freigabe der Türen kann nach der Seitenwahl des Triebfahrzeugführers automatisch kurz vor Stillstand des Zugs ausgelöst werden. Die Türen lassen sich aber auch manuell freigeben.
Die Ansagen kann er mit einem Handmikrofon sowie über Außenlautsprecher machen. Ein Hilfsfahrschalter neben beiden Seitenfenstern des Führerraums ermöglicht die Überwachung des Zugs während der Abfahrt. Außerdem können mit ihm Rangierfahrten durchgeführt werden. Der Hilfsfahrschalter muss über einen Knopfdruck aktiviert werden. Die Bedienung des Hauptfahrschalters setzt den Hilfsfahrschalter außer Betrieb.

Damit die Reisenden Linie und Ziel des S-Bahn-Zugs schnell ersehen konnten, wurden Zielanzeigekästen in die Frontfenster montiert. Nach dem Ende des S-Bahn-Einsatzes entfernte die Bahn diese Kästen wieder.

Um die Lokomotiven sowohl von herkömmlichen Steuerwagen als auch von den neuen S-Bahn-Steuerwagen bedienen zu können, haben die Lokomotiven außer der Wendezugsteuerung mit 36-poligem Steuerkabel auch eine »Zeitmultiplexe Wendezugsteuerung« (ZWS), die nur zwei Leitungen benötigt. Diese laufen durch das normale UIC-Kabel, sodass ein zusätzliches Steuerkabel nicht mehr nötig ist.

Damit die Loks auch in Doppeltraktion bzw. als »Sandwich« mit einer Lok an jedem Zugende fahren können, bekamen einige der S-Bahn-Maschinen eine »Zeitmultpilexe Doppeltraktionssteuerung« (ZDS).

ZWS/ZDS/ZMS/FMZ

Die »Zeitmultiplexe Wendezugsteuerung« (ZWS) ist eine sogenannte Punkt-zu-Punkt-Steuerung. Dabei werden zwei Übertragungskanäle genutzt: Der Befehlskanal vom Steuerwagen zur Lokomotive und der Meldekanal von der Lokomotive zum Steuerwagen.

Bei der ZWS werden die Signale auf je eine eigene Trägerfrequenz moduliert und übertragen. Zu Beginn sendet die Lokomotive ein Signal, damit der Steuerwagen die Baureihe erkennt.

Die »Zeitmultiplexe Doppeltraktionssteuerung« (ZDS) funktioniert nach dem gleichen Prinzip. Allerdings sind hier zwei Lokomotiven miteinander verbunden. Später entstand daraus die »Zeitmultiplexe Mehrfachtraktionssteuerung« (ZMS), mit der auch mehr als zwei Triebfahrzeuge von einem Führerpult aus bedient werden können.

Um weitere Befehle wie die seitenselektive Türsteuerung übertragen zu können, entwickelt die Bahn die »Frequenzmultiplexe Zugsteuerung« (FMZ). Sie nutzt die gleichen Leitungen wie die ZWS und die ZDS.

3 FARBGEBUNG

Ob bei der Deutschen Bundesbahn noch die klassische Lackierung für schnelle Elektroloks mit blauem Lokkasten, schwarzem Rahmen und schwarzem Laufwerk für die Baureihe 111 vorgesehen war, ist nicht bekannt.

Stirnansicht der 111 004 in der ab Werk verwendeten Lackierung in Ozeanblau und Beige.
| *Zeichnung: P. Erdmann*

3.1 Ozeanblau und Beige

In der ersten Hälfte der 1970er-Jahre, also kurz vor Ablieferung der ersten 111, führte die Bundesbahn ein neues Anstrichkonzept mit den Farben Ozeanblau und Beige ein, welches bei den von nun an beschafften Elloks benutzt werden sollte. So fiel auch die 111 unter diese Vorschrift und wurde ab Werk in diesen Farben geliefert. Zum beige/ozeanblauen Lokkasten gehörten ein graubraunes Fahrwerk, graue Dachaufbauten sowie rote Dachleitungen und Stromabnehmer. Auch die Anschriften waren in Ozeanblau oder beigefarben anzubringen.

Während bei 111 001 die seitliche Loknummer noch mit blauen Zahlen im beigefarbenen Bereich unter der dem DB-Emblem angeschrieben war, trugen die weiteren Maschinen diese Nummer in heller Schrift auf dem blauen Rahmen.

Ursprünglicher Regelanstrich in Ozeanblau und Beige.
| *Grafik: H. Sölch, Foto: M. Dostal*

Farbgebung

Laufwerk, Untergestell, Rahmen	Graubraun (RAL 8019)
Aufbau (unten)	Ozeanblau (RAL 5020)
Aufbau (oben)	Beige (RAL 1014)
Dach (inkl. Aufbauten)	Umbragrau (RAL 7022)
Stromabnehmer, Dachleitungen	Karminrot (RAL 3002)

3.2 S-Bahn

In der zweiten Hälfte der 1970er-Jahre entschied sich die Deutsche Bundesbahn, die Lokomotiven der Baureihe 111 mit den Reisezugwagen der Bauart »x« im Ruhrgebiet im S-Bahn-Verkehr zu nutzen. Weil die Bahn für S-Bahn-Fahrzeuge einen Anstrich mit hellgrauen Aufbauten und orangefarbenen Absetzstreifen festgelegt hatte, bekamen auch die für die S-Bahn vorgesehenen Lokomotiven 111 111 bis 111 188 diesen Anstrich. Hier waren das Laufwerk, das Untergestell und der Rahmen ebenfalls graubraun lackiert. Der komplett hellgraue Lokkasten trug in der Mitte einen breiten orangefarbenen Absetzstreifen, der sich auf der Höhe der Fenster der »x«-Wagen befand. Auf die schmalen Absetzstreifen an den Wagen wurde bei den Loks verzichtet. Die Dachaufbauten und die Stromabnehmer bekamen die gleiche Farbe wie die beige/ozeanblaue Ausführung.

S-Bahn-Lackierung für den Einsatz im Rhein-Ruhr-Gebiet.
| *Grafik: H. Sölch, Foto: M. Dostal*

Farbgebung

Laufwerk, Untergestell, Rahmen	Graubraun (RAL 8019)
Aufbau, Dach	Kieselgrau (RAL 7032)
Absetzstreifen	Reinorange (RAL 2004)
Dachaufbauten	Umbragrau (RAL 7022)
Stromabnehmer, Dachleitungen	Karminrot (RAL 3002)

3.3 Orientrot

Mitte der 1980er-Jahre wandte sich die Deutsche Bundesbahn bereits schon wieder vom oben vorgestellten Farbkonzept ab und führte die sogenannten »Produktfarben« ein. Während die früheren Farbkonzepte von der Bahn intern entwickelt wurden, wurde diesmal auch die Design-Agentur Keysselitz aus München mit der Ausarbeitung eines Farbkonzepts beauftragt. Um die zunächst auf dem Papier entstandenen Entwürfe auch in natura in Augenschein nehmen zu können, stellte die Bundesbahn die Lokomotiven 111 068 und 111 069 sowie zunächst acht Reisezugwagen zur Verfügung. Im Herbst 1985 waren der Zug mit 111 068 und vier Wagen im ersten DB-Entwurf und der Zug mit der 111 069 und ebenfalls vier Wagen im Design von Keysselitz lackiert. Beide wurden am 23. September 1985 im Bahnhof Hockenheim der Presse und weiteren geladenen Gästen vorgestellt. Der Entwurf von Keysselitz wurde allerdings von der Bundesbahn verworfen und die 111 069 bereits im November 1985 wieder beige/ozeanblau lackiert. Der hauseigene Entwurf hingegen wurde danach noch mehrmals verändert und führte schließlich zum 1987 eingeführten Farbkonzept mit orientrot lackierten Lokomotiven. Mitte der 1990er-Jahre war der orangefarbene Streifen einiger S-Bahn-111 so stark ausgebleicht, dass sich der Betriebshof Frankfurt/Main entschloss, diese kurzerhand zu erneuern. Weil aber kein orangefarbener Lack mehr zur Verfügung stand, bediente man sich am Orientrot und lackierte die Bauchbinden der 111 156, 158, 175 und 176 in dieser Farbe. Weitere S-Bahn-Loks mussten danach allerdings ganz orientrot lackiert werden. Als letzte verlor die 111 176 im Oktober 2002 ihre rote Binde.

Vier Versuchslackierungen von 1985 zum orientroten Farbschema.
| *Grafik: H. Sölch (4)*

Farbgebung 111 068 (Design DB)

Laufwerk, Untergestell, Rahmen	Graubraun (RAL 8019)
Aufbau, Dach	Karminrot (RAL 3002)
Absetzstreifen	Grauweiß (RAL 9002)

Versuchslackierung des Designbüros Keysselitz.
| *Grafik: H. Sölch, Foto: C.-J. Jacobson*

Farbgebung 111 069 (Design Keysselitz)

Laufwerk	Kieselgrau (RAL 7032)
Rahmen	Saphirblau (RAL 5003)
Aufbau unten	Grauweiß (RAL 9002)
Aufbau oben, Dach	Erdbeerrot (RAL 3018)
Kontrastflächen	Saphirblau (RAL 5003)

Versuchsfarben der Reisezugwagen

Bis Mitte der 1980er-Jahre lackierte die Deutsche Bundesbahn ihre Triebfahrzeuge und Reisezugwagen in den »Hausfarben« Purpurrot, Ozeanblau und Beige. Nun sollte ein neues Farbkonzept eingeführt werden, bei dem die Reisezugwagen nicht mehr wie bisher üblich nach Wagenklassen, sondern ohne Klassenunterschiede nach Zuggattungen lackiert werden sollten. Dazu gehörten InterCity/EuroCity-, FD- (später InterRegio-), Regional- und S-Bahn-Züge.

Um geschlossene Zugbilder zu erreichen, sollten alle Wagen die gleiche Grundfarbe für Brüstungen und Dächer bekommen. Am 23. September 1985 stellte die Bundesbahn die ersten Entwürfe im Bahnhof Hockenheim der Öffentlichkeit vor. Gezeigt wurden zwei Züge, bestehend aus je vier Reisezugwagen und einer Lokomotive der Baureihe 111. Ein Vorschlag stammte vom Design-Center des Bundesbahn-Zentralamtes in München, der andere von der Agentur für Corporate Identity Keysselitz in München.

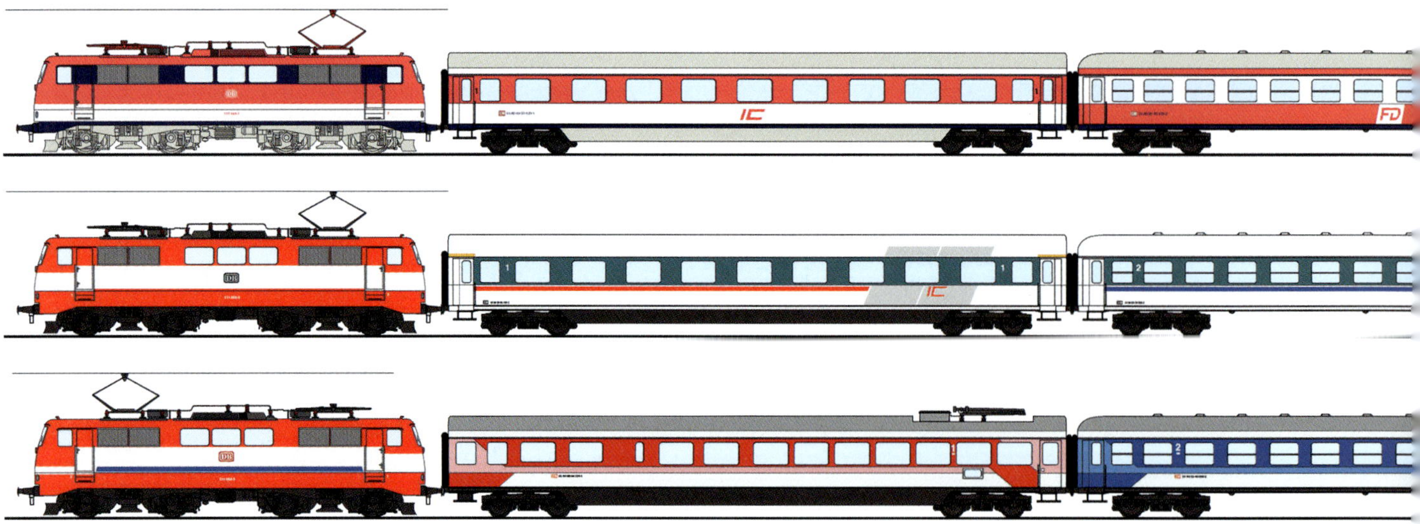

Endgültige Ausführung der Lackierung in Orientrot.
| *Grafik: H. Sölch, Foto: C.-J. Jacobson*

Serienlackierung

Laufwerk, Untergestell, Rahmen	Graubraun (RAL 8019)
Aufbau, Dach	Orientrot (RAL 3031)
Kontrastfläche	Lichtgrau (RAL 7035)
Lüftergitter	Graubraun (RAL 8019)
Dachaufbauten	Orientrot (RAL 3031)
Stromabnehmer, Dachleitungen	Orientrot (RAL 3031)

ENTWURF KEYSSELITZ

Das Designbüro verwendete zur Gestaltung der Wagen die Farben Erdbeerrot, Saphirblau, Kieselgrau, Graubraun und Grauweiß. Während beim 2.-Klasse-Sitzwagen die Brüstung und die Dachkante rot ausgeführt waren, blieb das Fensterband hellgrau. Die drei anderen Wagen hingegen hatten eine helle Brüstung und unterschiedlich farbige Fensterbänder. Dieser Entwurf wurde von der Bundesbahn nicht angenommen.

ERSTER DB-ENTWURF

Die vom DB-Design-Center entworfenen Wagen hatten im Gegensatz zum anderen Zug einen einheitlichen Grundanstrich. Hier waren Träger, Brüstungen, Endeinstiegstüren und Dächer grauweiß lackiert. Die Fensterbänder waren bei allen Zuggattungen türkisfarben. Unterschiedlich farbige Streifen auf der Brüstung machten die Zuggattungen kenntlich. Diese Ausführung wurde ebenfalls abgelehnt.

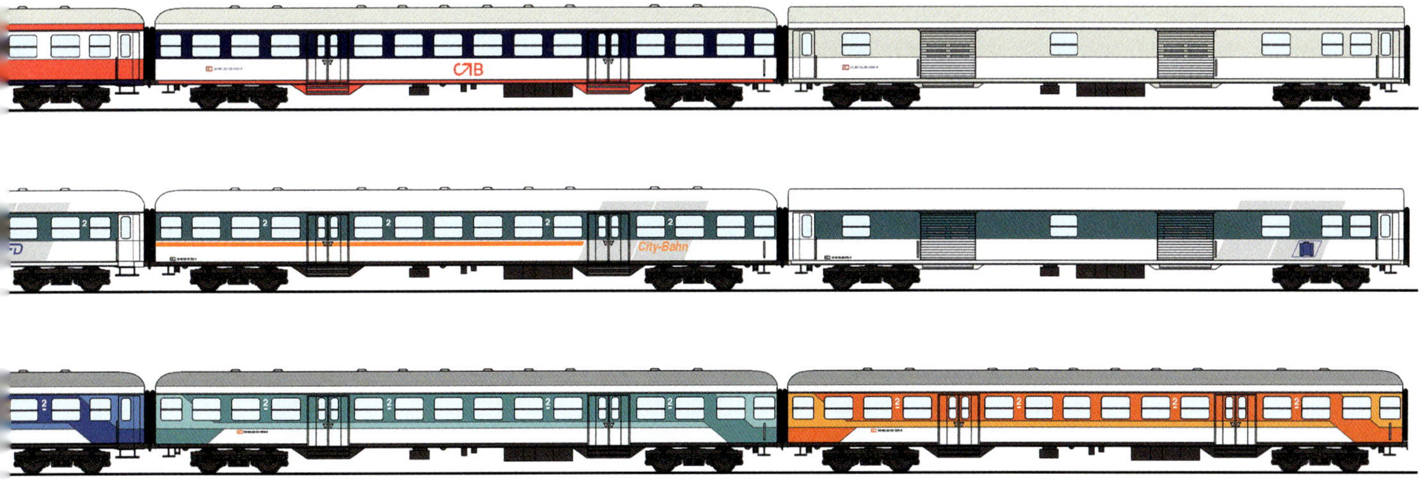

Drei Designvorschläge zur Lackierung von Loks und Wagen von 1985. | *Grafik: H. Sölch (3)*

ZWEITER DB-ENTWURF

Beim zweiten Entwurf der Bundesbahn erstreckten sich die produktspezifischen Farben nun über die Fensterbänder. Diese Farbbänder wurden durch hellere Pastellstreifen von den Brüstungen abgesetzt. Brüstungen und Dachkanten waren weiterhin hellgrau. Der mittlere Bereich der Dächer bekam jedoch einen dunkleren Farbton. Folgende Farben waren nun vorgesehen:

- InterCity/EuroCity: rot,
- InterRegio: blau
- RegionalBahn: türkis
- S-Bahn: orangefarben.

Am 30. Mai 1987 kann der Farbversuchszug mit 111 068 in Graben-Neudorf besichtigt werden.
| *Foto: M. Dostal*

Endgültige Farbvariant von 1985 für Reisezugwagen. | *Grafik: H. Sölch*

Die Wagen waren auf beiden Seiten unterschiedlich lackiert. So war auf einer Seite das Fensterband durchlaufend bis an das Wagenende gestaltet. Auf der anderen Seite wurde an den Enden die Farbe des Fensterbandes nach unten in den Brüstungsbereich hineingezogen und die Pastellfarbe des Absetzstreifens nach oben, was einen recht unruhigen Farbverlauf ergab.

DRITTER DB-ENTWURF

Am 10. Dezember 1986 stellte die Bundesbahn dann endgültig ihr neues Farbschema vor. Dabei wurde auf die sich kreuzenden Farben an den Wagenenden verzichtet. Die Farbverteilung auf die vier Produktgruppen blieb erhalten. Für Sonderwagen, Schlaf-, Liege- und Gepäckwagen lag zunächst noch kein Vorschlag vor. Auch blieben Wagen, die bald abgestellt werden sollten wie Umbau- und Eilzugwagen unberücksichtigt. Später wurde das Konzept noch für Gepäckwagen (graues Band), Messwagen (gelbes Band) und InterCityNight-Züge der Bauart »Talgo« (blaues Band) erweitert.

3.4 Der »Lufthansa-Airport-Express«

Die nächste Farbvariante der Baureihe 111 ließ nicht lange auf sich warten, denn 1990 entschloss sich die Lufthansa, einige ihrer Verbindungen zwischen Stuttgart und Frankfurt/Main nicht mehr mit dem Flugzeug, sondern auf der Schiene anzubieten. Dazu stellte die Bundesbahn mehrere Reisezugwagen und die 111 049 zur Verfügung. Die Fahrgasträume wurden nach den Wünschen der Lufthansa umgebaut und die Wagen bekamen zusammen mit der Lokomotive einen Anstrich in »Lufthansa«-Farben. Die Aufteilung entsprach der beige/ozeanblauen Ausführung. Allerdings war der Lokkasten unten gelb und oben hellgrau. Laufwerk und Untergestell blieben graubraun. Statt der DB-Embleme auf den Seitenwänden bekam die Lok den zweifarbig blau/weißen Schriftzug »Lufthansa Airport Express« im gelben Bereich. An den Stirnseiten wurden rote DB-Embleme aufgeklebt.

Die Lok ging im Mai 1990 mit dem Zug auf die Strecke, war dort aber nur ein Jahr so im Einsatz. Dann wurde die Schnellfahrstrecke zwischen Stuttgart und Mannheim in Betrieb genommen und die 200 km/h schnelle 103 101 übernahm die Bespannung der »LAE«-Züge. Nach ihrer Ablösung stand die 111 069 nur wenige Wochen im »LEA«-Outfit bei der Bundesbahn im Planeinsatz, ehe sie im Herbst 1991 im AW München-Freimann den üblichen orientroten Anstrich bekam.

111 049 in der Lackierung der Deutschen Lufthansa AG.
| *Grafik: H. Sölch, Foto: M. Dostal*

Farbgebung

Laufwerk, Untergestell	Graubraun (RAL 8019)
Rahmen	Dunkelgrau (NCS 8000)
Aufbau oben, Dach	Lichtgrau (RAL 3002)
Aufbau unten	Melonengelb (RAL 1028)
Stromabnehmer, Dachleitungen	Karminrot (RAL 3002)
Anschriften	Nachtblau (RAL 5022)

3.5 Verkehrsrot

Das nächste Farbkonzept ereilte die Baureihe 111 Ende der 1990er-Jahre. Die Deutsche Bahn AG hatte sich für einen Farbwechsel entschieden und wählte Verkehrsrot als neue Grundfarbe. Die 111 bekam einen Aufbau in dieser Farbe, der unten durch einen schmalen grauen Bereich abgeschlossen wurde. Grau war auch für die Lüftergitter, die Dachaufbauten und die Stromabnehmer vorgesehen.

Das Laufwerk und das Untergestell wurden schwarz lackiert. Die bisherigen großen Kontrastflächen an den Stirnseiten wurden durch zwei kleine »Balken« neben den Stirn-DB-Logos ersetzt. Hier gab es kleinere Unterschiede, so bekamen die 111 003, 034, 059, 086, 090, 093, 094 und 097 im AW Chemnitz weniger breite Kontrastflächen, sogenannte »Spar«-Balken. Bei der 111 169 waren das DB-Logo und die Kontrastflächen tiefer angebracht als üblich, dies wurde später aber korrigiert.

Verkehrsrote Ausführung der Baureihe 111.
| *Grafik: H. Sölch, Foto: Dr. B. Domagalski*

Farbgebung

Laufwerk, Untergestell	Tiefschwarz (RAL 9005)
Rahmen	Basaltgrau (RAL 7012)
Lüftergitter	Basaltgrau (RAL 7012)
Aufbau, Dach	Verkehrsrot (RAL 3020)
Stromabnehmer, Dachleitungen	Basaltgrau (RAL 7012)

Die 111 121 war im Sommer 2012 mit einer Werbung für das Saarland/Rheinland-Pfalz-Ticket unterwegs. Am 9. September 2012 steht sie in Saarbrücken. | *Foto: Th. Estler*

3.6 Werbeloks

Für das Musical »Tanz der Vampire« wurde die 111 030 im März 2002 mit Folien beklebt.
| *Grafik: H. Sölch, Foto: V. Emersleben*

Außer den zahlreichen Lackierungsvarianten gab es bei der Baureihe 111 auch mehrere Werbelokomotiven.

Den Anfang machte im März 2002 die 111 030, die mit blauen Folien beklebt für das Musical »Tanz der Vampire« in Stuttgart warb. Die Beklebung erfolgte im ÖBB-Werk Linz und wurde teilweise vom Modellbahnhersteller Roco finanziert. Deshalb gab es auch ein passendes Roco-H0-Modell. Die Lok war aber nicht nur als Werbelok vor Planzügen unterwegs, sondern brachte an jedem dritten Sonntag im Monat einen Sonderzug mit Gästen des Musicals nach Stuttgart-Vaihingen. Der Zug wurde aus blau/grau lackierten und ebenfalls beklebten Wagen der der Eisenbahn-Service Gesellschaft mbH (ESG) gebildet. Nachdem die 111 die Gäste nach Stuttgart gebracht hatte, fuhr der Zug leer nach Böblingen weiter. Dort setzte die Lok ans andere Zugende und wartete, bis die Vorstellung zu Ende war, um die Gäste wieder an Bord zu nehmen. Im Sommer 2005 rückte die Lok ins AW Dessau ein, wurde entklebt und bekam einen verkehrsroten Neuanstrich.

Die 111 027 wies 2008 auf das 850. Jubiläum der Stadt München hin.
| *Grafik: H. Sölch, Foto: U. Miethe*

2008 folgte die zweite Werbe-111. Diesmal wurde die 111 027 ausgewählt. Die in München beheimatete Lok bekam silberfarbene Folien mit den Silhouetten markanter Münchener Gebäude und wies auf das Jubiläum »850 Jahre München« hin. In dieser Form war sie bis Oktober 2009 unterwegs, ehe sie sich wieder in den Pool der normalen Maschinen einreihte.

Die 111 017 warb für den Freistaat Bayern als Tourismusziel.
| *Grafik: H. Sölch, Foto: U. Miethe*

Bayern blieb weiterhin aktiv in Sachen Werbe-111 und schickte ab November 2010 die 111 017 ins Rennen. Die Maschine sollte mit blau/weißen Folien Touristen das Bundesland Bayern schmackhaft machen. So war sie gut vier Jahre bis November 2014 unterwegs.

Als »Olympia-Botschafterin« war die 111 031 kurzzeitig im Jahr 2011 unterwegs.
| *Grafik: H. Sölch, Foto: U. Miethe*

2011 kamen gleich drei Werbeloks der Baureihe 111 in den Bestand. Alle waren in München beheimatet. 111 031 wurde als »Olympia-Botschafterin« genutzt und warb für München als Austragungsort der olympischen Winterspiele 2018.

Die Lok wurde am 25. März 2011 vorgestellt. Als das Internationale Olympische Komitee die Spiele am 2. Juli 2011 nach Südkorea vergab, wurde die Lok umgehend entklebt und war wieder verkehrsrot im Einsatz.

Ab 2011 nutzte der Deutsche Alpenverein die 111 039 als Werbeträger.
| *Grafik: H. Sölch, Foto: M. Dostal*

Ab Mai 2011 starteten der Deutsche Alpenverein (DAV) und DB Regio eine Werbekampagne zugunsten des deutschen Alpenraums als Feriengegend.

111 039 wurde mit einem fotografierten Alpenpanorama beklebt, mit dem sie bis Oktober 2015 unterwegs war.

Auffällig war die 111 024 des ADAC mit ihren zwei unterschiedlich farbigen Enden.
| *Grafik: H. Sölch, Foto: U. Miethe*

Die dritte Werbelok des Jahres 2011 war die 111 024. Diesmal hatte sich DB Regio den Allgemeinen Deutschen Automobil-Club e. V. (ADAC) als Partner gewählt und die Lok mit dem Slogan »Für Menschen unterwegs« beklebt. Die Lok war an einem Ende gelb, am anderen rot und in der Mitte der Seitenwände waren je vier Menschen abgebildet. So die 111 bis Mitte 2014 unterwegs.

Die »Biergarten«-Lok 111 066 war ab Mai 2012 unterwegs.
| *Grafik: H. Sölch, Foto: U. Miethe*

Wieder mit einem bayerischen Thema war die 111 066 ab Mai 2012 unterwegs. Sie warb für Biergärten, die per Bahn mit dem Bayern-Ticket besucht werden sollten. Die überwiegend blau und weiß gestaltete Lok zeigte ein typisches Biergartenmotiv mit traditionell gekleideten Besuchern. Sie durfte mit ihrer Werbung bis Januar 2013 durch die Lande fahren.

2016 feierte das deutsche Reinheitsgebot für Bier mit der 111 123 sein 500. Jubiläum.
| *Grafik: H. Sölch, Foto: M. Dostal*

Im Januar 2016 präsentierte die Bahn ihre bisher letzte Werbelok der Baureihe 111. Die 111 123 erinnerte an das 500-jährige Jubiläum des deutschen Reinheitsgebots für Bier. Während die Maschine an einem Ende mit einem blau/weißen bayerischen Tischtuch gestaltet war, zeigte sie sich am anderen Ende als überdimensionales Bierglas. Ihr Einsatz in dieser Form war im Februar 2017 zu Ende.

3.7 DB Netz

Die 111 059 von DB Netz ist mit einem gelben Lokkasten unterwegs. Sie hat einen grauen Rahmen, grau umrandete Lüfter und graue Kontrastflächen neben den DB-Logos an den Stirnseiten.

Als Dienstfahrzeug ist die 111 059 von DB Netz gelb lackiert.
| *Grafik: H. Sölch, Foto: M. Dostal*

3.8 DB Mietpool

Um besser auf die Lokomotiven des DB Mietpools aufmerksam zu machen, ließ die DB einige in diesem Pool enthaltene Loks der Baureihe 111 in auffälligen Sonderfarben lackieren, darunter auch in ehemaligen Farbgebungen der Deutschen Bundesbahn. So trägt die 111 074 in Anlehnung an die 103 220 die blau/gelb/grüne Lackierung der Touristikzüge, den eine 111 im Plandienst aber nie bekommen hatte. 111 095 erinnert mit ihrer »Lufthansa«-Lackierung an die 111 049. Die 111 111 präsentiert sich wieder in ihrer Originallackierung im grau/orangefarbenen S-Bahn-Outfit. Die 111 174 ist im beige/ozeanblauen Anstrich der 1970er- und 1980er-Jahre unterwegs und 111 212 bekam einen »TEE«-Anstich mit rotem Rahmen und beigefarbenem Oberteil. Auch er war vorher nicht bei einer 111 zu finden. Wegen dieses Anstrichs wird sie gern vor Sonderzügen mit passenden »TEE«-Wagen eingesetzt, ist aber auch vor »normalen« Reisezugwagen zu finden. Allen diesen bunten sowie einigen verkehrsroten Poolloks gemeinsam ist die Aufschrift »Miete oder kaufe mich« auf den Seitenwänden der Maschinen.

Die Loks des DB Mietpools sind in unterschiedlichen Farbgebungen unterwegs. Darunter ist auch die verkehrsrote 111 158.
| *Grafik: H. Sölch, Foto: F. Riedl*

In Anlehnung an die »Lufthansa«-Lokomotive 111 049 bekam die 111 095 des Mietpools ebenfalls diesen Anstrich.
| *Grafik: H. Sölch, Foto: M. Dostal*

Der Anstrich der 111 074 lehnt sich an den Touristikzug an. Ähnlich waren die 103 222 und zwei Loks der Baureihe 218 lackiert.
| *Grafik: H. Sölch, Foto: M. Dostal*

Auch 111 111 gehört inzwischen zum Mietpool. Sie trägt wieder ihren originalen S-Bahn-Anstrich.
| *Grafik: H. Sölch, Foto: M. Dostal*

An die TEE-Lackierung lehnt sich der Anstrich der 111 212 an. Dieses Schema wurde allerdings nie regulär bei der Baureihe 111 verwendet. | *Grafik: H. Sölch (2), Foto: M. Dostal*

111 174 des Mietpools ist wieder in Ozeanblau und Beige unterwegs.

4 EINSATZ

Die Produktion der 111 001 begann Anfang 1974 und im Oktober war der Bau so weit fortgeschritten, dass der Aufbau im Rahmen einer kleinen Feier mit Mitarbeitern von Krauss-Maffei und Siemens erstmals auf die Drehgestelle aufgesetzt werden konnte.

Eine Lok der Baureihe 111 verlässt mit einem Wendezug aus »modus«-Wagen den Bahnhof Gemünden/Main auf der Fahrt nach Aschaffenburg und überquert dabei die Brücke über die Fränkische Saale. | *Foto: U. Miethe*

Im Rahmen einer kleinen Feier wird der Kasten der 111 001 im Oktober 1974 im AW München-Freimann auf die Drehgestelle aufgesetzt. | *Foto: Werkfoto*

4.1 Die frühen Jahre

Am 13. November verließ die 111 001 zum ersten Mal die Produktionshallen von Krauss-Maffei in München. Sie wurde dabei von einer Dieselkleinlok durch einen Gleisbogen geschoben, um die Auslenkung der Drehgestelle zu beobachten.
Im Dezember 1984 gab es dann einen Fototermin im Bahnhof München-Allach und danach kam die erste Maschine dieser Baureihe zur Deutschen Bundesbahn, die sie im Bw München beheimatete. Hier befanden sich eine Niederlassung des Bundesbahnzentralamts und das Ausbesserungswerk München-Freimann. So war das Bw München prädestiniert für die Erprobung neuer Baureihen.
Zunächst bekamen die Lokomotiven ein Lauffähigkeitszertifikat. Dies war für Untersuchungen auf der Strecke unerlässlich. Nachdem erste Lokführer geschult worden waren, begannen die Fahrten zusammen mit Mitarbeitern von Siemens und des BZA München. Diese Schulungsfahrten fanden meist vor dem D 296 »Mostar-Dalmacija« und dem D 215 »Rhein-Express« statt, mit denen die Loks nach Stuttgart und nach vier Stunden Pause wieder nach München gelangten.

Bei den Fahrten traten zahlreiche Ereignisse auf, die bei der Konstruktion der Loks nicht bedacht werden konnten. So kam es unter anderem zu Fahrmotorüberschlägen und Thyristorsicherungsstörungen.

Messfahrt mit der 111 001 und einer weiteren 111 sowie den beiden Bremslokomotiven 044 404 und 044 427 im Jahr 1975 in München-Freimann Gbf. | *Foto: DB Pressedienst, Slg. B. Rampp*

Die 111 002 unternimmt im August 1975 eine Personalschulungsfahrt von Innsbruck Hbf zum Brenner. Sie fährt dabei als Vorspann vor einer 1670 der ÖBB.
| *Aufnahme: Slg. B. Rampp*

Die 111 071 trifft in Hechendorf ein, während die 169 002 und eine Schwestermaschine als Lokzug auf Ausfahrt nach Garmisch-Partenkirchen warten.
| *Foto: B. Rampp*

Bw München Hbf am 8. Juli 1976: Die 111 008 und die 118 016, eine 103 und eine weitere 118 der Deutschen Bundesbahn sowie die 1042.565 der Österreichischen Bundesbahnen warten auf neue Aufgaben. | *Foto: B. Rampp*

Der reguläre Einsatz der Baureihe 111 begann 1975. In diesem Jahr übernahm die Bundesbahn mit den 111 002 bis 014 von Krauss-Maffei und Siemens sowie den 111 041 bis 049 von Henschel und AEG bzw. BBC ihre ersten Exemplare dieser Baureihe. Die fünf Vorauslokomotiven wurden am 24. Januar (111 001), 16. April (111 002), 15. Mai (111 003), 30. Mai (111 004) und 11. Juni (111 005) von der Bundesbahn abgenommen. Die Inbetriebnahmen erfolgten am 18. April (111 001), 24. Juni (111 002), 19. September (111 003), 10. Oktober (111 004) und 23. Oktober (111 005).

Noch während der Abnahme der Vorauslokomotiven begann die Lieferung der Serienmaschinen. So ging die 111 006 bereits am 30. Juli 1975 in Betrieb. Bis Ende Dezember 1975 wurden dann 25 Exemplare abgenommen.

Wie geplant wurden sie in München beheimatet und von dort aus zunächst im Probebetrieb und zu weiteren Personalschulungsfahrten eingesetzt. Zunächst wurde für die 111 001 ein eintägiger Umlauf zwischen München und Stuttgart aufgestellt, um Erfahrungen im Betrieb zu sammeln. Anfang März fuhr die 111 001 nach Frankfurt/Main und wurde dort offiziell vorgestellt. Die 111 002 wurde zunächst im Aw München-Freimann zerlegt, um so das Werkstattpersonal mit den Maschinen vertraut zu machen. Die 111 003 stand für das BZA Minden im Einsatz. Sie war bei ihrer Ablieferung auf beiden Seiten mit automatischen Mittelpufferkupplungen ausgestattet und wurde vom BZA zur Erprobung dieser Kupplung genutzt. Im Herbst 1975 bekam sie normale Schraubenkupplungen mit Zughaken und kehrte nach München zurück.

Anfang März fuhr die 111 001 nach Frankfurt/Main. Dort wurde sie in der Hauptverwaltung der Deutschen Bundesbahn (HVB) offiziell präsentiert.

Am 24. Juli 1979 entgleiste die 111 021 im Bahnhof Murnau. Nach einer kleinen Reparatur in der Außenstelle Murnau konnte sie am Nachmittag mit eigner Kraft nach München fahren.
| *Foto: B. Rampp*

Am 8. August 1979 fanden auf der Höllentalbahn mit der 111 061 und dem 601 018/017 Bremsmessfahrten statt. Im Bahnhof Posthalde legt der Zug eine Pause ein, die für Kontrollen genutzt wird. | *Foto: P. Schiffer (Archiv Eisenbahnstiftung)*

Mitte des Jahres standen dann alle drei Loks dem Betriebsdienst zur Verfügung, wurden aber häufig zu Messfahrten und bei Ausstellungen genutzt. Zur gleichen Zeit kamen die weiteren Maschinen nach München. Nun konnten ausgiebige Schulungsfahrten für Lokführer durchgeführt werden. So waren die Maschinen in Umläufen der in Garmisch-Partenkirchen beheimateten Lokomotiven der Baureihe 144 unterwegs. Aber auch in Umläufen der Baureihen 110, 141 sowie 116 und 118 waren sie anzutreffen. Außerdem gab es für Lokomotiven mit Sondereinrichtungen wie AFB eigene Umläufe nach Mittenwald.

Die 111 008 weilte zu solchen Fahrten im Großraum Frankfurt/Main und danach in Hamburg. Später wurde die 111 010 nach Mainz abgegeben. Die 111 041 war überwiegend im Raum Freilassing vor Nahverkehrszügen unterwegs.

Am September 1975 wurde ein Umlauf mit vier Plantagen mit 726, 1.210, 640 und 720 km Laufleistung für die 111 aufgestellt. Die meisten Leistungen wurden darin vor Schnellzüge zwischen München und Stuttgart erbracht. Highlights waren der D 296 »Mostar-Dalmacija«, D 217 »Austria-Express«, D 412 »Istanbul-Express« und D 194 »Mozart«. Dazu gab es Füllleistungen nach Weil der Stadt, Backnang und Ulm vor Eil- und Nahverkehrszügen. Weil die 111 aber immer wieder zu Test- und Schulungsfahrten unterwegs waren, liefen in diesem Plan bei Bedarf Loks der Baureihe 110 mit.

Lieferserien Baureihe 111			
1. Serie	111 001 – 040	1974 – 76	Krauss-Maffei/Siemens
	111 041 – 071	1975 – 76	Henschel/AEG/BBC
2. Serie	111 071 – 084	1977 – 78	Krauss-Maffei/Siemens
	111 085 – 097	1977 – 78	Krupp/AEG
	111 098 – 110	1977 – 78	Henschel/BBC
3. Serie	111 111 – 122	1978 – 80	Krauss-Maffei/Siemens
	111 123 – 134	1978 – 80	Krupp/AEG
	111 135 – 146	1978 – 80	Henschel/AEG/BBC/Siemens
4. Serie	111 147 – 157	1980 – 82	Krauss-Maffei/Siemens
	111 158 – 167	1980 – 82	Krupp/AEG
	111 168 – 177	1980 – 81	Henschel/BBC
	111 178	1982	Henschel/AEG
5. Serie	111 179 – 183	1983	Krauss-Maffei/Siemens
	111 184 – 188	1983	Krupp/AEG
	111 189 – 194	1982 – 83	Krauss-Maffei/Siemens
	111 195 – 200	1982 – 83	Krupp/AEG
	111 201 – 208	1982 – 83	Henschel/BBC
	111 209	1983	Henschel/AEB
	111 210	1983	Henschel/Siemens
6. Serie	111 211 – 216	1984	Krauss-Maffei/Siemens
	111 217 – 222	1984	Krupp/AEG
	111 223 – 227	1984	Henschel/BBC

1976 ging die Ablieferung der Maschinen planmäßig weiter und Ende des Jahres umfasste der Bestand bereits 70 Lokomotiven. Alle waren in München zu Hause. Weil die Loks großflächig in ganz Deutschland eingesetzt werden sollten, wurden die Lokführerschulungen fortgesetzt. So war die 111 044 Anfang des Jahres in Hannover unterwegs. Die Ablieferung der 111 hatte Auswirkungen auf den Bestand der anderen Baureihen in München. So verdrängten die 111 bevorzugt die Baureihe 110 aus München, die nach Stuttgart, Frankfurt/Main, Dortmund, Köln und Hamburg abgegeben wurde. Die Altbauelloks der Baureihen 116, 117 und 118 wurden zunächst noch nicht von den 111 abgelöst.

Übergabe der 2.000sten Ellok von AEG seit 1945: Es ist 111 167 mit der am 19. Februar 1982 im AW Opladen gefeiert wird. | *Foto: Werkfoto AEG, Slg. B. Rampp*

Bei Köln-Ehrenfeld ist die 111 138 am 2. August 1979 mit einem aus niederländischen Wagen gebildeten Eilzug auf dem Weg von Köln nach Rotterdam. | *Foto: P. Schiffer (Archiv Eisenbahnstiftung)*

Im Bw Düsseldorf treffen die 111 114 und zwei Treibwagen der Baureihe 420 aufeinander. Beide Baureihen erledigten in den 1980er-Jahren den S-Bahn-Betrieb im Ruhrgebiet.
| *Foto: Dr. B. Domagalski*

Die 111 001 ist mit dem IC 180 »Karwendel« (Innsbruck – Bremen) am 2. September 1980 bei Farchant, nördlich von Garmisch-Partenkirchen unterwegs.
| *Foto: Prof. Dr. W. Hager (Archiv Eisenbahnstiftung)*

Mit dem IC 511 »Chiemgau« verlässt die 111 006 am 30. Juli 1981 den Bahnhof von Freilassing in Richtung Berchtesgaden. Am Schluss schiebt die 194 111.
| *Foto: M. Dostal*

Eine planmäßige Güterzugleistung für Düsseldorfer Loks der Baureihe 111 war der Ng 65393, den die 111 175 am 16. Mai 1982 beim Posten 98a in Kreuztal am Haken hat. | *Foto: W. Bügel (Archiv Eisenbahnstiftung)*

Zum Sommer 1976 bekamen die 111 zwei Umlaufpläne mit 47 und 4 Tagen. Darin kamen die Loks außer nach Hamburg, Bremen und Dortmund auch nach Innsbruck, Klagenfurt, Wien und bis zum Brenner an der österreichisch/italienischen Grenze. Einzelne Leistungen gab es auch nach Braunschweig und Saarbrücken. Die Spitzenleistung der Baureihe 111 war der TEE 84/85 »Mediolanum« nach Mailand zwischen München und dem Bahnhof Brenner.

Im vier Tage umfassenden Umlauf wurden die 111 001 bis 005 eingesetzt, die mit einer automatischen Fahr- und Bremssteuerung (AFB) ausgestat-

Die 111 015 rollt am 6. April 1982 mit dem D 712 »Allgäu Express« die Geislinger Seite hinunter. | *Foto: M. Dostal*

Die Aschaffenburger Unfalllokomotive 111 036 steht am 29. Oktober 1982 zur Schadaufnahme im AW München-Freimann. *Foto: B. Rampp*

Offensichtlich wurde der N 6829 nach Siegen, mit dem die 111 127 am 10. Februar 1981 in Plettenberg einfährt, mehr für die Post- und Gepäckbeförderung genutzt als für den Transport von Reisenden. | *Foto: W. Bügel (Archiv Eisenbahnstiftung)*

Die 111 066 leistet der 141 033 auf der Schmalenseehöhe in der Nähe von Mittenwald außerplanmäßig Vorspann. Die beiden Loks haben keine große Mühe mit nur einem Güterwagen. | *Foto: B. Rampp*

tet worden waren. Die Loks waren überwiegend zwischen München und Garmisch-Partenkirchen unterwegs, weil nur Lokführer aus diesen beiden Betriebswerken Loks mit AFB fahren konnten. Wurde die fünfte AFB-Maschine nicht benötigt, stand sie dem BZA zur Verfügung. Ansonsten war sie in einem eintägigen Umlauf für die Baureihe 110 zwischen München und Regensburg unterwegs.

Die 70 Maschinen der Baureihe 111 reichten zunächst aus, um nun mit einem Gesamtbestand von 800 Schnellzuglokomotiven den Bedarf zu decken. Allerdings mussten auf absehbare Zeit die Schnellzugloks der Vorkriegsbaureihen ersetzt werden, denn diese schieden 1976/77 aus dem Unterhaltungsbestand aus. Dies galt auch für die Baureihe 144[5]. Deshalb entschloss sich die Bundesbahn zur weiten Beschaffung der Baureihe 111, nun aber in kleineren Chargen. So gelangten 1977 nur elf Exemplare in den Bestand. Dabei wurde die 111 085 als erste Maschinen von Krupp in Essen gefertigt.

Auch 1977 gingen die Lokführerschulungen weiter. So weilten die 111 056 zu diesem Zweck im Februar in Hagen-Eckesey und die 111 055 kam im März nach Osnabrück. In Osnabrück übernahm sie Leistungen der Baureihe 104. Im Oktober 1977 war die 111 042 rund um Freiburg im Breisgau unterwegs.

Für den Planeinsatz stellte München fünf Umläufe für die 111 auf: Ein gemischter Plan zusammen mit der Baureihe 110 (4 Loks), ein Plan für AFB-Loks (5 Loks), ein Plan im Wendezugdienst zwischen München und Landshut mit nur einer Lok, ein weiterer Plan mit nur einer Lok und ein großer Plan für 47 Maschinen. Dabei wurden im Durchschnitt zwischen 370 Kilometer und 910 Kilometer pro Tag gefahren. Zu den bekannten Schnellzügen kamen noch der D 221 »Donau-Kurier«, der D 224 »Wien-Oostende-Express« und der D 228/229 »Johann Strauß« dazu. Als neuer Zielbahnhof wurde Bremerhaven angefahren.

Am 9. Juni 1982 bringt die 111 122 ihren Nahverkehrszug über die Hohenzollernbrücke nach Köln Hbf. Die Lok ist mit Scherenstromabnehmern der Bauart DBS 54 ausgestattet. | *Foto: M. Dostal*

Auch die Einsätze in Österreich wurden ausgeweitet und dort Loks der Österreichischen Bundesbahnen ÖBB abgelöst. So wurden nun u.a. der D 216/217 »Austria-Express« und der D 219 »Tauern-Express« auf der Tauernbahn mit 111 bespannt. Durch den viertägigen Mischplan wurden die Lokomotiven der Baureihe 117 zwischen München und Augsburg abgelöst.

Neben Reisezügen gehörten auch wenige Güterzüge zu den Aufgaben der Baureihe 111. So der TEEM 42100 von Kufstein nach München.

Auf der Fahrzeugausstellung zum 75-jährigen Jubiläum des AW Opladen konnten die Besucher die geschmückte 111 096 auf dem Werksgelände begutachten.

1977 begannen die Untersuchungen und Probefahrten zur Tauglichkeit der Baureihe 111 im S-Bahn-Dienst. Dazu war ein aus drei »Silberlingen« gebildeter Wendezug mit der 111 042 zwischen München und Ingolstadt unterwegs. Dabei kam eine neuartige Wendezugsteuerung zum Einsatz, bei der nur noch zwei elektrische Leitungen statt bisher vier notwendig waren. Die Versuche endeten in der Entwicklung der »Zeitmultiplexen Wendezugsteuerung« (ZWS), die später in großem Umfang genutzt wurde.

Die 111 020 ist am 21. Juli 1983 mit dem D 1322 von Ancona nach Dortmund bei Düsseldorf unterwegs. Für die gesamte Strecke benötigte der Zug mehr als 22 Stunden. | *Foto: W. Bügel (Archiv Eisenbahnstiftung)*

In Innsbruck hat sich die 111 036 vor eine 1044 der ÖBB gesetzt, um gemeinsam einen Regionalzug zum Bahnhof Brenner zu bringen. Auf dem Nebengleis steht 1044.077 bereit. | *Foto: Dr. B. Domagalski*

Die Wendezugversuche wurden im Hinblick auf einen Einsatz der Baureihe 111 im S-Bahn-Dienst im Rhein/Ruhrgebiet durchgeführt. Dort sollten aufgrund langer S-Bahn-Linien und teilweise größerer Haltestellenabstände lokbespannte Züge mit neuen S-Bahn-Wagen – den sogenannten »x«-Wagen – eingesetzt werden. Für diesen Einsatz bestellte die Bundesbahn eine weitere, 46 Lokomotiven umfassende Serie der Baureihe 111, die mit den für den S-Bahn-Betrieb notwendigen Einrichtungen wie unter anderem Zielanzeigen in den Stirnfenstern ausgestattet waren.

Am 8. Juni 1983 bespannt die 111 072 einen Leergüterzug von München nach Ingolstadt. Die Aufnahme entstand hinter Wolnzach Bahnhof (heute: Rohrbach/Ilm) bei Fahlenbach. | *Foto: B. Rampp*

Die mit einem Sonderstromabnehmer bestückte 111 102 schiebt am 17. April 1983 einen Nahverkehrszug durch das Altmühltal bei Dollnstein. | *Foto: B. Rampp*

Die Entscheidung, die 111 im S-Bahn-Betrieb einsetzen zu wollen, stieß bei den Entscheidern aber auch auf Widerstand, denn eigentlich waren die Loks für den Schnellzugdienst und somit für Langläufe mit seltenen Halten sowie wenigen Brems- und Beschleunigungsphasen ausgelegt. Wie sich das ständige Bremsen und Beschleunigen auf die Maschinen auswirken würde, blieb noch abzuwarten.

Trotz der Bedenken hielt die Bundesbahn an der Baureihe 111 für den S-Bahn-Dienst fest und bestellte zunächst 36 Maschinen bei mehreren Herstellen. Die 111 111 bis 122 sollten von Krauss-Maffei und Siemens kommen, die 111 123 bis 134 von Krupp und der AEG. Für die 111 135 bis 146 schließlich zeichneten Henschel und BBC verantwortlich.

Im Juli 1978 begann die Abnahme der Loks und bis zum Jahresende standen acht Exemplare der »S-Bahn-111« zur Verfügung. Weil die passenden Wagen jedoch erst ab 1979 geliefert werden konnten, bespannten die grau/orangefarben lackierten Maschinen zunächst Züge, die aus normalen Schnellzug-, Eilzug- und Nahverkehrswagen gebildet wurden.

»x«-Wagen

Für die mit der Baureihe 111 bespannten S-Bahn-Züge beschaffte die Deutsche Bundesbahn ab 1979 neue Wagen, die speziell auf den S-Bahn-Dienst zugeschnitten waren.

Es handelte sich um die gemischtklassigen Wagen der Bauarten ABx 791, die 2. Klasse-Wagen der Bauart Bx 794 und die 2. Klasse-Steuerwagen der Bauart Bxf 796.
Ein erster, aus diesen Wagen gebildeter Zug wurde zusammen mit der 111 111 am 2. Februar 1979 in Düsseldorf der Öffentlichkeit vorgestellt.

Die Fahrzeuge mit einer Länge von nur 24.500 mm (ABx 791, Bx 794) und 25.260 mm (Bxf 796) hatten im Gegensatz zu den S-Bahn-Triebwagen der Baureihe 420 Stirnübergänge, sodass während der Fahrt ein Fahrgastfluss zwischen den Wagen stattfinden konnte. Aufgrund längerer S-Bahn-Strecken im Rhein-Ruhr-Gebiet waren die Steuerwagen mit zwei Toiletten ausgestattet.

Insgesamt entstanden drei Probezüge mit je drei Wagen und ein weiterer Bx 794 als Ersatz bzw. Verstärkung, die in Zusammenarbeit des BZA Minden mit Messerschmidt-Bölkow-Blohm (MBB) in Donauwörth und der Waggonfabrik Uerdingen entwickelt und gebaut wurden.

Nach ersten guten Erfahrungen entschloss sich die Bundesbahn für eine Serienbestellung dieser Fahrzeuge. Zwischen 1981 und 1984 wurden dann insgesamt 108 Serienwagen der Bauart ABx 791 und 196 der Bauart Bx 794 in Dienst gestellt. Bei den Serien-Steuerwagen gab es 110 Fahrzeuge in vier Unterbauarten. Sämtliche bis 1992 gelieferten Wagen waren für die S-Bahn im Rhein-Ruhr-Gebiet vorgesehen und in Düsseldorf beheimatet.
Die letzten Lieferungen der S-Bahn-Wagen erfolgten zwischen 1992 und 1997. Diese Wagen wurden für die S-Bahn im Raum Nürnberg benötigt.
In der Regel setzten sich die Züge aus je einem Wagen der Gattung ABx 791, Bx 794 und Bxf 796 zusammen. Sie konnten jedoch bei Bedarf um weitere Wagen verlängert werden.

Die Wagen liefen auf Drehgestellen der Bauart Wegmann LD 76, die bei den Steuerwagen um Schienenräumer, Geber für Sifa und Indusi, Fahrzeugmagnet, Geschwindigkeitsmesser und eine Sandstreueinrichtung ergänzt wurden. Der Kasten stützte sich über zwei Luftfederelemente auf die Drehgestelle ab. Die Druckluft-Scheibenbremse der Bauart Knorr KE-GPR-A-mZ (D) mit Zusatzbremse ermöglichte kurze Bremswege.

Der Innenraum der gemischtklassigen ABx 791 unterteilte sich in je einen Fahrgastraum für 1. und die 2. Kasse. In der Bauart Bx 794 befand sich nur ein großer Fahrgastraum. Die offenen Abteile wurden durch einen Mittelgang in je zwei 2+2 Sitzplätze in Vis-à-vis-Anordnung getrennt. Die Sitze wurden bei den zuerst gebauten Wagen mit Kunstleder bezogen. Später wurden Stoffbezüge verwendet. In den Steuerwagen waren außer dem Fahrgastraum ein Führerraum und zwei Toiletten untergebracht. Für den Wendezug-Einsatz war eine Zeitmultiplexe Wendezugsteuerung (ZWS) vorhanden.

Bis 2003 blieben die Bestandszahlen weitgehend konstant. 2004 begann dann die planmäßige Ausmusterung der »x«-Wagen. Die Fahrzeuge waren abgewirtschaftet und hätten saniert und auf den neuesten technischen Stand gebracht werden müssen. Außerdem wollte die Bahn die alten Züge durch moderne Triebwagen ersetzen. Im Ruhrgebiet traten die Triebwagen der Baureihen 422 und 423 an ihre Stelle. Im Großraum Nürnberg übernahmen die Triebwagen der Baureihe 442 die Nachfolge.

Weil die Bahn aber noch nicht ganz auf die Wagen verzichten konnte, arbeitete sie 2009 doch einige Züge abermals auf. Im Februar 2011 stellten DB Regio Franken und die Bayerische Eisenbahngesellschaft (BEG) den ersten modernisierten »x«-Wagen für die S-Bahn-Linie S 2 im Nürnberger Hauptbahnhof vor. Bis April 2012 sollten dann 48 aufgearbeitet werden. Außer einer neuen Außen- und Innenlackierung sollten alle

Lange Zeit war dies ein gewohntes Bild im Rhein-Ruhr-Gebiet: Bei Neuss Süd ist die 111 112 Ende der 1980er-Jahre mit einem aus drei »x«-Wagen gebildeten Wendezug als S 11 nach Wuppertal-Vohwinkel unterwegs. | *Foto: Dr. B. Domagalski*

Aufgrund der langen S-Bahn-Strecken auf denen die »x«-Wagen eingesetzt wurden, hatten die Steuerwagen Bxf 796 zwei Toiletten. | *Foto: M. Dostal*

Fahrzeuge neue Sitzpolster bekommen. In zwölf Steuerwagen waren außerdem mobile Überfahrrampen zum Ein- und Ausstieg von mobilitätseingeschränkten Reisenden untergebracht. Komplettiert wurden die Steuerwagen durch eine elektronische Fahrtzielanzeige zur Kundeninformation über den Frontfenstern des Führerraums.

Mit einer Abschiedsfahrt am 9. Dezember 2023 ging schließlich die Ära der »x«-Wagen bei der Deutschen Bahn AG zu Ende. An diesem Tag waren noch einmal die Fahrzeuge 111 024-6, Bx 794.4 mit den Nummern 50 80 20-33 269-0, 50 80 20-33 278-1, 50 80 20-33 273-2 Bx 794.4 und der Steuerwagen Bxf 796.4, Nummer 50 80 80-33 199-6, unterwegs. Der Zug fuhr von Nürnberg Hbf über Altdorf – Roth – Altdorf zurück nach Nürnberg Hbf. Dafür hatte die Bahn sogar besondere Zuglaufschilder anfertigen lassen. Im Ruhrgebiet waren die Wagen schon seit Dezember 2019 nicht mehr im Einsatz.

Technische Daten

	ABx 791	Bx 794	Bxf 796
Länge über Puffer (mm)	24.500	24.500	25.260
Drehzapfenabstand (mm)	17.500	17.500	17.500
Radsatzstand (mm)	22.500		
Radsatzstand im Drehgestell (mm)	2.500	2.500	2.500
Wagenkastenbreite (mm)	2.870	2.870	2.870
Wagenkastenhöhe (mm)	3.852	3.825	3.825
Drehgestellbauart	LD 76 (761)	LD 76 (761)	LD 76 (761)
Höchstgeschwindigkeit (km/h)	140	140	140
Großräume (1./2.Klasse)	1/1	-/1	-/1
Sitzplätze (1./2. Klasse)	32/48	-/80	-/62
Stehplätze	104	110	105
Heizung	Lhzes	Lhzes	Lhzes
Bremse (Serie)	KE-P-A (D)	KE-P-A (D)	KE-R-A-mZ (D)
Eigenmasse (kg)	28.000	28.000	30.700/31.100*
Erstes Baujahr	1979	1979	1979
gebaute Stückzahl	111	200	113

Die 111 115 passiert am 10. März 1983 mit N 6670 aus Kochel den Block Unterzeismering und wird in Kürze in Tutzing ankommen. | *Foto: B. Rampp*

Im September 1978 begann die Ablieferung der zweiten Bauserie der »normalen« 111. Mit den wieder ozeanblau/beigefarben lackierten Maschinen sollten die Altbaulokomotiven endgültig abgelöst werden. Auch die Leistungen der Vorserienmaschine der Baureihe E 10^0 sollten durch die 111 erbracht werden.

Die Bundesbahn diskutierte seit einiger Zeit die Höchstgeschwindigkeit der Baureihe 111 von 150 km/h auf 160 km/h heraufzusetzen, um die Loks so noch effizienter einsetzen zu können. Damit hätten auch Züge im geplanten zweiklassigen InterCity-Konzept »IC 79« von der Baureihe 111 gefahren werden können, was die hier verwendete Baureihe 103 entlastet hätte. Um die Eignung der

Mit einem überwiegend aus italienischen Wagen gebildeten Schnellzug ist die 111 039 bei Urspring auf der Schwäbischen Alb nach München unterwegs. | *Foto: Ch. Kissel*

Am 15. Februar 1983 treffen die 111 119 mit dem E 3552 und ein Schienenbus der Baureihe 798 in Finnentrop aufeinander.
| *Foto: S. Baumeister*

111 festzustellen, richtete die Bundesbahn mit den 111 001 bis 030 einen sechsmonatigen Versuchsbetrieb ein. Dabei wurden unter anderem die IC 550, IC 583, IC 682 und IC 683 zwischen München und Bremen mit zwei 111 bespannt. Diese Versuche verliefen erfolgreich und die Geschwindigkeit wurde heraufgesetzt. Außerdem wurde untersucht, wie sich Stromabnehmer und Fahrdraht bei Doppeltraktionen mit dieser Geschwindigkeit verhielten. Es zeigte sich, dass Doppelbespannungen von Zügen mit 160 km/h möglich waren. Somit konnte die 111 als vollwertiger Ersatz vor den schweren InterCity-Zügen auf Strecken bis 160 km/h genutzt werden und die 111 071 bis 110 mit Einholmstromabnehmer bekamen zunächst

Mit dem IC 566 »Goethe« (Frankfurt/Main – Düsseldorf) fährt die 111 184 vom Bw Düsseldorf am 19. August 1983 vor der Kulisse von Boppard vorbei.
| *Foto: W. Bügel (Archiv Eisenbahnstiftung)*

Den bekannten Blick vom »Affenfelsen« an der Geislinger Steige zeigt diese Aufnahme mit 111 011, die in den 1980er-Jahren einen InterCity nach München bringt. | *Foto: Th. Estler*

eine befristete Zulassung für 160 km/h. Sie wurden in einem Mischplan mit der Baureihe 103 auf den IC-Linien 3 (Hamburg-Altona – Fulda – Frankfurt/Main – Basel) und 4 (Bremen – Fulda – Würzburg – München) eingesetzt. Außerdem fuhren sie Leistungen zwischen München und Stuttgart.

Nach Probefahrten im Raum München und ihrer endgültigen Abnahme am 17. August 1978 wurde die 111 111 Anfang Februar 1979 zusammen mit den ersten »x«-Wagen in Düsseldorf offiziell vorgestellt und ab Ende Februar 1979 begann der Probebetrieb auf der S-Bahn-Linie S 1 zwischen Düsseldorf, Duisburg, Bochum und Essen. Ab Ende März waren die 111 111 und sie 111 112 auf der S 3 zwischen Oberhausen und Hattingen unterwegs.

Mit dem dritten Probezug wurden zunächst Messfahrten unternommen, bei denen unter anderem das Schwingungsverhalten der automatischen Scharfenbergkupplung bei Geschwindigkeiten von 150 km/h untersucht wurde. Zuglok war die 111 137. Er ging zum Sommerfahrplan 1979 in den Planbetrieb. Anfang April war ein erster aus sechs Wagen gebildeter Zug auf der Linie S 6 zwischen Essen, Düsseldorf und Langenfeld (Rheinland) unterwegs.

Zur gleichen Zeit bestellte die Deutsche Bundesbahn die vierte Serie der Baureihe 111. Sie umfasste die 111 147 bis 157 (Krauss-Maffei/Siemens), die 111 158 bis 167 (Krupp/AEG), die 111 168 bis 177 (Henschel/BBC) und die 111 178 von Henschel/AEG. Sie waren alle für den S-Bahn-Dienst im Rhein-Ruhr-Gebiet vorgesehen. Als Neuerung sollten sie mit hydraulisch gedämpften Puffern ausgestattet werden.

Die Lokomotiven gingen mit der Ablieferung der neuen Wagen nach und nach in den S-Bahn Betrieb über. Maschinen, für die noch keine »x«-Wagen zur Verfügung standen, wurden zusammen mit Lokomotiven der Baureihe 140 in gemeinsamen Plänen eingesetzt. Dabei wurden überwiegend Nahverkehrs- und Eilzüge bespannt. Hochwertige Züge gehörten eher zu den Ausnahmen.

Am 9. März 1979 lieferte Henschel/AEG mit der S-Bahn 111 138 seine 2.400. Ellok an die Deutsche Bundesbahn aus.

Im Mai 1979 begann der Betrieb im Rahmen des IC-79-Konzepts, für den zahlreiche Münchener Maschinen benötigt wurden. Weil das Zuggewicht

Die 111 077 läuft am 2. März 1984 mit N 4609 in Wilzhofen ein. Drei Monate später legte die Bundesbahn diesen zwischen Tutzing und Weilheim gelegenen Bahnhof still. | *Foto: B. Rampp*

der IC-Züge bei etwa 400 Tonnen lag, mussten die 111 hier in Doppeltraktion eingesetzt werden. Um diese Züge mit 160 km/h in Doppeltraktion befördern zu können, war es nötig, die auf den Loks montierten Scherenstromabnehmer durch Einholmstromabnehmer zu ersetzen, wie bei den 111 071 bis 110 durchgeführt.

Im Sommer 1979 waren alle Münchner 111 für eine Höchstgeschwindigkeit von 160 km/h zugelassen. Sie waren weiterhin im hochwertigen IC- und Schnellzugdienst unterwegs und kamen weiterhin planmäßig bis zum Brenner. Auch 1980 waren die fünf mit AFB ausgerüsteten 111 001 bis 005 in ihrem Umlauf zwischen München und Garmischpartenkirchen unterwegs. Allerdings wurden einzelne Maschinen immer wieder zu Test- und Messfahrten von dieser Strecke abgezogen. So war die 111 002 längere Zeit für das BZA unterwegs, denn mit ihr wurde das neue System zur »Kontinuierlichen Zugüberwachung« (Konzug) untersucht und erprobt. Außer der Konzug-Erprobung wurden bei Versuchsfahrten mit der 111 002 zwischen Hannover und Hamburg erstmals Daten für die Linienzugbeeinflussung per Funk übertragen. Bisher wurde dafür ein in der Gleismitte verlegtes Kabel genutzt.

Die 111 004 ist am 13. September 1985 mit einem IC-Leerzug auf der Schmalenseehöhe zwischen Mittenwald und Klais unterwegs. Im Hintergrund thront das Karwendelmassiv. | *Foto: B. Rampp*

Konzug

Bei der »Kontinuierlichen Zugüberwachung« (Konzug) handelt es sich um System, mit dem die Signale der »Induktiven Zugsicherung» (Indusi), der »Linienzugbeeinflussung« (LZB) und der »Automatischen Fahr- und Bremssteuerung« zusammengeführt und ausgewertet werden können. Damit ermöglicht die »Kontinuierliche Zugüberwachung« eine lückenlose Überwachung von Strecke und Triebfahrzeug und erhöht so die Sicherheit bei Zugfahrten.

4.2 Die Hochphase – die 1980er Jahre

Um die Doppeltraktionen der Baureihe 111 vor IC-Zügen zu vermeiden, verteilte die Bundesbahn 1980 die Bespannung der Züge neu. Die schweren ICs wurde mehr und mehr der 103 zugeteilt und die 111 übernahm die Züge mit einem Gewicht von ca. 400 t. Dafür reichte eine 111 aus. So gingen die Doppelbespannungen bereits ab dem Winterfahrplan 1980/81 wieder zurück. Allerdings kam es immer wieder zu Ausfällen der 103 vor den schweren Zügen, dort mussten dann zwei 111 ein-

Gut sind die beiden Stromabnehmerbauarten zu erkennen, als die 111 017 und die 111 075 am 3. September 1985 in Böblingen nebeneinander stehen.
| *Foto: M. Dostal*

springen. So durften sie wieder IC-Züge zwischen München, Kassel und Bremen bespannen.

Weil noch keine »x«-Wagen geliefert werden konnten, nahm das Einsatzgebiet der S-Bahn-111 in Nordrhein-Westfalen vor normalen Reisezügen immer weiter zu. Sie verdrängten dort die Baureihe 140, die immer weiter in den Güterzugdienst abwanderte. Im Juni 1980 konnte das Bw Düsseldorf mit der 111 168 die erste Maschine der vierten Serie übernehmen, die die 111 147 bis 178 umfasste.

Im Oktober 1985 zeigt sich die Farbversuchslok 111 068 auf einer Ausstellung dem Publikum.
| *Foto: C.-J. Jacobson*

Auch die 111 069 im Anstrich des Designbüros Keysselitz wird im Oktober 1985 im AW München-Freimann den Besuchern präsentiert.
| *Foto: C.-J. Jacobson*

Die 111 102 und eine weitere 111 haben am 15. September 1985 Donauwörth erreicht. Deutlich sind die Unterschiede zwischen Versuchsstromabnehmer (vorn) und Regelabnehmer (hinten) zu erkennen.
| *Foto: M. Treutler*

Mit einem FD ist die 111 108 am 20. April 1985 im Altmühltal bei Hagenacker – ein Gemeindeteil des Marktes Dollnstein – anzutreffen.
| *Foto: M. Treutler*

Die 111 020 und die 111 102 sind am 28. September 1986 mit einem IC bei Weichs zwischen Murnau und Ohlstadt unterwegs.
| *Foto: B. Rampp*

Am 17. September 1980 fuhr der erste elektrisch bespannte Zug auf der Emslandstrecke. Die 111 125 brachte einen Probezug von Osnabrück über Rheine nach Emden und wieder zurück.

Zum Winter 1980/1981 wurde in München der die fünf AFB-Loks umfassende Umlaufplan 3 geändert und die Loks kamen nicht mehr nach Nürnberg. Dafür wurde der IC 180/181 bis nach Seefeld in Tirol gebracht. Auch die IC 515, IC 612, IC 614 und IC 621 zwischen München und Garmisch-Partenkirchen bzw. Mittenwald gehörten zu den Aufgaben der AFB-Loks.

Im Frühjahr 1981 mieteten die ÖBB aufgrund eines Lokmangels zwei Maschinen der Baureihe 111 von der Bundesbahn an. Die beiden Lokomotiven wurden in Innsbruck stationiert, aber weiterhin von der DB gewartet. So kam es immer wieder zu einem Austausch und es standen unterschiedliche 111 in Innsbruck zur Verfügung.

Am 27. August 1981 kam es zu einem ersten schwerwiegenden Unfall mit der Baureihe 111. Die 111 109 war mit dem Ex 220 »Donau-Kurier« von Wien-West nach Dortmund auf der österreichischen Westbahn unterwegs, als sie im Bahnhof von Wels frontal mit der Richtung Wien fahrenden 1042.560 der ÖBB zusammenstieß. Bei diesem Unfall, bei dem es zum Glück nur vier schwer verletzte Personen gab, verformte sich der Rahmen der deutschen Loks so stark, dass die 111 109 ausgemustert werden musste. Die Lok wurde zwei Tage später direkt vor Ort zerlegt und am 28. Januar 1982 offiziell aus dem Bestand gestrichen. Ihre noch verwertbaren Teile wurden als Ersatz für andere 111 genutzt.
Im Jahr 1981 wurden an den 111 009, 015, 026,

Hochwertige Reisezüge mit 111 im Fahrplanjahr 1981/82			
TEE 84	Mediolanum	Milano C	München
TEE 85	Mediolanum	München	Milano C
IC 116	Nymphenburg	Innsbruck	Dortmund
IC 117	Nymphenburg	Dortmund	Innsbruck
IC 124	Erasmus	Innsbruck	Amsterdam CS
IC 125	Erasmus	Amsterdam CS	Innsbruck
IC 180	Karwendel	Innsbruck	Bremen
IC 181	Karwendel	Bremen	Innsbruck
IC 182	Prinz Eugen	Wien West	Hamburg-Altona
IC 183	Prinz Eugen	Hamburg-Altona	Wien West
IC 510	Chiemgau	Berchtesgaden	Köln
IC 511	Chiemgau	Köln	Berchtesgaden
IC 517	Werdenfels	Hamburg-Altona	Garmisch-Partenkirchen
IC 550	Veit Stoß	München	Kassel
IC 551	Veit Stoß	Kassel	München
IC 583	Linderhof	Bremen	München
IC 612	Gorch Fock	Garmisch-Partenkirchen	Kiel
IC 621	Wetterstein	Dortmund	Garmisch-Partenkirchen
IC 624	Meistersinger	Garmisch-Partenkirchen	Hannover
IC 680	Südwind	München	Bremen
IC 681	Nordwind	Bremen	München
IC 684	Linderhof	München	Bremerhaven-Lehe
IC 685	Jakob Fugger	Bremerhaven-Lehe	München
IC 688	Herrenchiemsee	München	Bremen
IC 689	Herrenchiemsee	Bremen	München
D 210	Wörthersee-Express	Klagenfurt	Dortmund
D 211	Wörthersee-Express	Dortmund	Klagenfurt
D 216	Austria-Express	Klagenfurt	Amsterdam CS
D 217	Austria-Express	Amsterdam CS	Klagenfurt
D 220	Donau-Kurier	Wien West	Dortmund
D 228	Johann Strauß	Wien West	Frankfurt/Main
D 229	Johann Strauß	Frankfurt/Main	Wien West
D 260	Rosenkavalier	Wien West	München
D 261	Rosenkavalier	München	Wien West
D 280	Alpen-Express	Roma Termini	München
D 281	Alpen-Express	München	Roma Termini

Hochwertige Reisezüge mit 111 im Fahrplanjahr 1981/82			
D 284		Meran	Frankfurt/Main
D 288	Brenner-Express	Roma Termini	München
D 289	Brenner-Express	München	Roma Termini
D 290	Akropolis	Athen	München
D 291	Akropolis	München	Athen
D 292	Istanbul-Express	Istanbul	München
D 293	Istanbul-Express	München	Istanbul
D 294	Jugoslavia-Express	Beograd	Frankfurt/Main
D 713	Allgäu-Express	Dortmund	Oberstdorf
D 722		Berchtesgaden	Dortmund
D 723		Dortmund	Berchtesgaden
D 780		Berchtesgaden	Hamburg-Altona
D 781		Hamburg-Altona	Salzburg
D 786		München	Bremen
D 787		Bremen	München
D 798		Berchtesgaden	Kassel
D 799		Kassel	Berchtesgaden
D 1162		Wien West	Paris Est
D 1163		Paris Est	Wien West
D 1212		Villach	Oostende
D 1213		Oostende	Villach
D 1218		Salzburg	Oostende
D 1219		Oostende	Salzburg
D 1280		Bozen	München
D 1281		München	Bozen
D 1284	Dolomiten-Express	Bozen	Coburg
D 1285	Dolomiten-Express	Coburg	Bozen
D 1286		Innsbruck	Hamburg-Altona
D 1380		Salzburg	Hamburg-Altona
D 1381		Hamburg-Altona	Salzburg
D 1392		Beograd	München
D 1393		München	Beograd
D 1481		München	Ancona
D 1482	Tirol-Express	Innsbruck	København
D 1483	Tirol-Express	København	Innsbruck

Am 8. Mai 1986 ist die 111 028 mit dem E 3196 den Bahnhof von Lorch eingefahren. Hier müssen die Reisenden noch zwei Gleise auf einem ungesicherten Übergang überqueren. | *Foto: Slg. M. Dostal*

044, 048, 056 und 068 im AW München-Freimann die ersten Hauptuntersuchungen durchgeführt.

Zur Jahreswende 1981/82 begann die serienmäßige Lieferung der »x«-Wagen für den S-Bahn-Einsatz und im Frühjahr 1982 waren die 111 111 bis 178 in Düsseldorf anzutreffen. Zum Winterfahrplan 1982/1983 waren dann knapp 30 drei- oder vierteilige S-Bahn-Züge unterwegs und lösten die meisten Triebwagen der Baureihe 420 im Rhein-Ruhr-Gebiet ab. Ende 1983 standen schließlich alle 111 für den S-Bahn-Einsatz zur Verfügung und die letzten 420 konnten nach München abgegeben werden. Die 78 Maschinen waren in einem 45-tägigen Umlaufplan unterwegs. 23 Lokomotiven wurden im Fernverkehr genutzt. Sie waren vor Schnellzügen bis Hamm, Kassel und Frankfurt/Main im Einsatz. Zudem bespannten sie auch Eil- und Nahverkehrszüge. Weil die Serienreife der Drehstrombaureihe 120 noch auf sich warten ließ und um die deutsche Lokomotivindustrie zu stützen, bestellte die Deutsche Bundesbahn im Jahr 1982 nochmals 17 Exemplare der Baureihe 111, die als 111 211 bis 227 von Januar bis Dezember 1984 geliefert und dem Bw München übergeben wurden, obwohl die Technik der 111 als weiterentwickelte E 10 inzwischen doch schon etwas veraltet war. Damit endete nach fast genau zehn Jahren die Beschaffung der 111 bei der Deutschen Bundesbahn.

Im Februar 1982 lieferten Krupp und AEG mit der 111 167 ihre 2.000 Lokomotive aus, die nach 1945 gebaut worden war.

Im Sommer 1982 übernahmen die 111 die letzten Leistungen der Baureihe 144[5] auf der Verbindung zwischen Freilassung und Berchtes-

Außerplanmäßig ist die »Lufthansa«-Lok 111 049 mit dem Autoreisezug D 9620 »Christoforus-Express« von München Ost nach Düsseldorf im Altmühltal unterwegs. | *Foto: Slg. M. Dostal*

Am 28. Oktober 1986 steht die 111 068 abfahrbereit vor D 17419 in München Hbf. Sie trägt bereits die orientrote Lackierung, jedoch noch ohne Kontrastfläche.
| *Foto: B. Rampp*

Die 111 028 und die 111 038 erklimmen vor dem FD 265 »Mozart« (Paris-Est – Wien Westbf) am 1. Mai 1987 die Geislinger Steige.
| *Foto: J. Bügel (Archiv Eisenbahnstiftung)*

Bei einer Ausstellung am 30. Mai 1987 im Bahnhof Graben-Neudorf war die 111 068 dann vollständig und endgültig lackiert.
| *Foto: M. Dostal*

Die 111 020 leistet einer 1110 und einer 1042 der ÖBB am 20. April 1988 Vorspanndienste in Jenbach am Inn.
| *Foto: P. Patt (Archiv Eisenbahnstiftung)*

Alt und Neu auf einer Lokausstellung am 15. Mai 1988 in Balingen. Während die orientrote 111 041 die moderne Bahn verkörpert, erinnert die E 91 99 an die »gute alte Zeit«. | *Foto: M. Treutler*

gaden. München hatte fünf Laufpläne erstellt, in denen insgesamt 79 Maschinen benötigt wurden. Die Loks kamen dabei bis Wien, Jesenice und zum Brenner. Im Norden wurden Hamburg und Oldenburg erreicht. Für die AFB-Loks 111 001 bis 005 gab es einen fünftägigen Plan, der die Maschinen von München nach Garmisch-Partenkirchen und Mittenwald brachte.

Im August 1982 wurde die 111 001 wieder einmal zu Messeinsätzen herangezogen. Sie war mit Messwagen von Stuttgart aus nach Backnang, Tübingen und Würzburg unterwegs.

Leider gab es auch 1982 zwei schwere Unfälle mit Loks der Baureihe 111. Am 10. September 1982 wurde 111 054 beim Rangieren im Bw Frankfurt/Main stark beschädigt. Und am 21. September 1982 kam es zu einer Flankenfahrt im Bahnhof Aschaffenburg. Daran beteiligt waren die 111 036 mit ihrem IC 129 »Johann Strauss« nach Wien und die 215 149, die sich auf einer Rangierfahrt befand. Die 215 fuhr dem IC in die Flanke, sodass die 111 und der erste Reisezugwagen entgleisten. Die 111 wurde nach eingehender Begutachtung wieder aufgebaut. Auch die 215 ging nach dem Unfall wieder in Betrieb.

Um das Fahren von Zügen ohne Zugbegleiter, wie es bei den S-Bahn-Zügen im Rhein-Ruhr-Gebiet schon praktiziert wurde, auch bei anderen Zügen zu untersuchen, kam die mit ZWS und Türschließeinrichtung ausgestattete 111 115

Die 111 126 zieht den Autoreisezug »Christophorus« am 23. Juli 1988 bei Röhrmoos in Richtung Norden. | *Foto: B. Rampp*

am 7. März 1983 nach München. Als Teststrecke wurde die Verbindung zwischen München, Tutzing und Kochel ausgewählt. Zwar fuhr noch ein Zugbegleiter mit, die Abfertigung des Zugs übernahm aber der Triebfahrzeugführer.

Im Sommer 1983 waren alle S-Bahn-111 und alle »x«-Wagen im Rhein-Ruhr-Gebiet angekommen. Nun wurden drei Umläufe mit 25 +5 + 5 Maschinen aufgestellt. Loks ohne ZWS liefen in einem 26 Tage umfassenden Plan, der die Maschinen nach Münster, Rheine, Hamm, Kassel brachte. Auf der linken Rheinstrecke ging es bis nach Frankfurt/Main. Die hessische Großstadt wurde Montag bis Freitag mit dem Zugpaar IC 566/567 erreicht.

Zur gleichen Zeit hatte München über 125 Exemplare der 111 im Bestand, von denen 89 Maschinen in sechs Umlaufplänen benötigt wurden. Neu waren nun Leistungen nach Neustadt bei Coburg und Lichtenfels. Stark zurückgegangen war der Einsatz vor IC-Zügen, der sich nun hin zu Schnell- und Eilzügen verlagerte. Sie erreichten damit auch Hamburg-Altona und Bremen. Ein Einsatzschwerpunkt war auch Stuttgart, von wo aus Züge nach Horb und Tübingen gefahren wurden.

Eine besondere Leistung der 111 war der Vorspanndienst zwischen Freilassing und Berchtesgaden vor mit den Dieseltriebwagen der Baureihe 601 gefahrenen Turnuszügen.

Am 31. August 1988 begegnet die 111 205 in Donauwörth dem ICE-Experimental, der zu Versuchsfahrten dort unterwegs war. | *Foto. Slg. M. Dostal*

Der Winterfahrplan 1983/1984 brachte abermals eine Erweiterung der Münchener Umlaufpläne. So wurden nun 92 Maschinen in weiterhin sechs Laufplänen benötigt.

Das Jahr 1984 brachte einen besonderen Einsatz für die Baureihe 111. Denn in dieses Jahr fiel das 350-jährige Jubiläum der Oberammergauer Passionsspiele, das mit großen Sonderaufführungen gefeiert werden sollte. Dafür waren zahlreiche Sonderzüge geplant, die aber nicht alle mit den

In den IR 1773 von Göttingen nach Konstanz sind am 5. Juli 1989 außerplanmäßig zwei Wagen des Bürgervereins zur Förderung des Schienenverkehrs e. V. (BFS Bürgerbahn) Bürgerbahn BFS eingereiht. Die Aufnahme zeigt den mit der 111 095 bespannten Zug in Karlsruhe-Durlach.
| *Foto. M. Dostal*

für diese Strecke zugelassenen Loks der Baureihe 141 und 169 gefahren werden konnten. Deshalb entschloss sich die DB, der Baureihe 111 eine Sondergenehmigung für diese Strecke zu erteilen, sodass die Loks erstmalig Züge von Murnau nach Oberammergau brachten.

Im Sommer 1984 endete die Bespannung des IC 566/567 nach Frankfurt/Main mit S-Bahn-111. Düsseldorf hatte nun vier Pläne für insgesamt 45 Lokomotiven, die nun nur noch im S-Bahn-Einsatz standen.

Zum Winterfahrplan 1984/1985 bekamen die Maschinen in München sieben Umlaufpläne (M 61 bis M 67), die sich wie folgt aufteilten:

Umlauf	Loks	km/Tag	Summe km/Monat
M 61	65	897	1.794.305
M 62	17	468	238.680
M 63	1	312	9.360
M 64	2	472	28.320
M 65	1	498	14.940
M 66	10	434	130.200
M 67	3	531	47.790

Von den 148 in München beheimateten 111 wurden nun 99 Exemplare benötigt, was die Situation bei den Reserveloks und bei der Wartung der Maschinen deutlich verbesserte.

Die 111 220 verlässt am 26. Mai 1989 aus Jesenice kommend mit einem Leergüterzug den Karawankentunnel bei Rosenbach. Sie war zuvor mit dem FD 291 aus München nach Jesenice gekommen.
| *Foto: B. Rampp*

Mit der Abnahme der 111 222 am 21. Dezember 1984 endete die Beschaffung der Baureihe 111 und damit auch gleichzeitig die Beschaffung herkömmlicher Elloks mit Wechselstrom-Reihenschlussmotoren bei der Deutschen Bundesbahn. Künftig wurden nur noch Elloks mit Drehstrommotoren in den Bestand übernommen.

Im AFB-Umlauf nach Mittenwald waren nur noch die 111 001 und 002 unterwegs. Bei ihnen hatte die Bundesbahn die neue Indusi I60R nachrüsten lassen, mit der sich die Triebfahrzeugführer vertraut machen mussten.

Eine Lok der Baureihe 111 bringt den FD 1903 »Bodensee« am 22. Oktober 1989 bei Ettlingen nach Süden. | *Foto. M. Dostal*

In Düsseldorf gab es sechs Pläne für 68 von den dort beheimateten 78 Loks. Zwei mal zwei Maschinen waren für den Fernverkehr vorgesehen. Der Rest verdiente sein Geld im S-Bahn-Dienst.

Im Frühjahr 1985 kam es zu einem weiteren Unfall mit der Baureihe 111. Die 111 222 fuhr mit ihrem Eilzug E 3512 zwischen Übersee und Bernau (Oberbayern) in einen Traktor und entgleiste samt erstem Wagen. Zu dem Unfall kam es, weil der Fahrer des Traktors die Schranke des Bahnübergangs anhob und dann mit seinem Traktor auf die Gleise fuhr.

65 Lokomotiven betrug der Bedarf im Sommer 1985 in Düsseldorf, davon waren 44 Maschinen im S-Bahn-Dienst anzutreffen. Zu den anderen Leistungen gehörten neben Eil- und Nahverkehrszügen auch die IC 133 »Diamant«/IC 134 »Parsifal« zwischen Köln und Aachen sowie die IC 643 »Gürzenich«/IC 646 »Hellweg« zwischen Köln und Dortmund.

Die in München beheimateten Maschinen kamen 1985 mit dem D 770/771 »Schwarzwald-Express« erstmals auf die Schwarzwaldbahn. Der FD 210/211 »Wörthersee« wurde zwischen München und Stuttgart wieder mit zweimal 111 bespannt. Außerdem wurden der D 285 von München bis an den Brenner und der D 300/301 zwischen Nürnberg und Probstzella mit zwei Loks bespannt.

Im Sommer 1985 setzte die Bundesbahn das Konzept IC ´85 um, was auch zu Änderungen bei den Einsätzen der 111 führte. Mit IC-Zügen waren die Loks nur noch südlich von München unterwegs. Der Norden wurde ausschließlich mit FD- und D-Zügen erreicht.

Seit September 1985 dienten die 111 068 und 111 069 als Farbversuchsträger. Die Bundesbahn hatte nämlich beschlossen, durch ein neues Farbkonzept ihr Image aufzupolieren. (Näheres zum neuen Farbkonzept finden Sie im Kapitel 3 auf den Seiten 46 bis 50).

Auf den großen Jubiläumsparaden zum 150. Geburtstag der Eisenbahn Deutschland im Herbst 1985 in Nürnberg durfte eine Maschine der Baureihe 111 nicht fehlen. Die Bundesbahn entschied sich für die S-Bahn-Lok 111 150, die mit einem passenden Wendezug aus drei »x«-Wagen den modernen Nahverkehr vertrat. Zur Überraschung der Zuschauer gab es am letzten Paradetag einen Lokzug aus 111 196, 101, 204, 207 und 227.

Zum Sommerfahrplan 1986 endete der Versuchsbetrieb mit den 111 114 und 111 115 zwischen Tutzing und Kochel. Die Zentrale Transportleitung in Mainz hatte nämlich verfügt, dass die

Abfertigung der Züge wieder von einem Zugbegleiter übernommen werden musste. Die Loks waren danach noch bis zum Herbst in München unterwegs und wurden dann nach Düsseldorf zurückgegeben.

Nun erreichten auch Münchener Maschinen wieder das Rhein-Ruhr-Gebiet. Sie kamen mit dem D 1322 nach Dortmund.

Nachdem die Bahn mit den 111 068 und 111 069 zahlreiche Farbversuche unternommen hatte, entschied sie sich für einen endgültigen Anstrich und lackierte die 111 068 als erste 111 im Oktober 1986 in diesem Schema. Ende 1986 wurde sie dann mit passenden Reisezugwagen in Frankfurt/Main der Presse und der Öffentlichkeit vorgestellt. Ab dem Sommer 1987 bespannten Dortmunder 111 den

Lufthansa-Airport-Express

Am 27. März 1982 starteten die Deutsche Lufthansa AG und die Deutsche Bundesbahn ein gemeinsames Projekt: Zwischen Düsseldorf Hbf und Frankfurt/Main richteten sie eine Verbindung ein, die statt mit dem Flugzeug mit dem Zug bedient wurde. Für diese Aufgabe wurden die drei Elektrotriebwagen der Baureihe 403/404 entsprechend den Wünschen der Lufthansa aufgearbeitet und in den Farben der Fluggesellschaft Gelb und Grau lackiert. Nur Kunden der Lufthansa mit entsprechenden Flugtickets durften diese Züge benutzen.

1990 wurde als weitere Verbindung eine Linie zwischen Stuttgart Hbf und Frankfurt/Main-Flughafen eingerichtet. Weil die Triebwagen der Baureihe 403/404 auf der anderen Linie gebunden waren, musste die Lufthansa nach neuen Fahrzeugen Ausschau halten. Die Wahl fiel schließlich auf lokbespannte Züge, die geplant einmal täglich in beide Richtungen verkehren sollten.

Als Zuglok wählte man die 111 049, die wie die zugehörigen Reisezugwagen ebenfalls den gelb/grauen Anstrich der Fluggesellschaft bekam. Für die Fluggäste wurden vier Reisezugwagen der Bauart Avmz 207 aus dem Bestand ausgegliedert, nach den Vorstellungen der Lufthansa eingerichtet und lackiert und als Avmz 206 bezeichnet. Der Zug wurde aus drei Wagen gebildet, der vierte Wagen diente als Reserve.

Ab dem Sommerfahrplan 1990 wurde die Verbindung mit dann täglich zwei Zugpaaren bedient, die Fahrzeit betrug recht genau zwei Stunden.

IC 1021	Stuttgart Hbf 6.47 – Frankfurt/Main Flughafen 8:45
IC 1022	Frankfurt/Main Flughafen 9:36 – Stuttgart Hbf 11:35
IC 1025	Stuttgart Hbf 13:02 – Frankfurt/Main Flughafen 15:10
IC 1026	Frankfurt/Main Flughafen 16:16 – Stuttgart Hbf 18:27

Zum Sommerfahrplan im Mai 1991 ging der erste Abschnitt der Neubaustrecke Stuttgart – Mannheim in Betrieb und der »Airport-Express« sollte über diese Strecke geführt werden. Dafür war aber die 111 049 mit ihrer Höchstgeschwindigkeit von 160 km/h zu langsam. Deshalb entschied man sich für die 103 101 als neue Zuglok und druckertüchtigte Reisezugwagen. Die 111 049 schied im Oktober 1991 schon wieder aus diesem Dienst aus und wurde kurz darauf orientrot lackiert. Die Avmz 206 wurden wieder in normale Reisezugwagen zurückgebaut, in den Farben der DB lackiert und bekamen ihre alte Bezeichnung Avmz 207 zurück.

Die verkürzte Fahrzeit von ca. 85 Minuten ermöglichte es der 103 täglich vier Zugpaare zu befördern. Weil die Lok aber nicht druckertüchtigt war, musste man beim Erstellen der Fahrpläne darauf achten, dass es auf der Schnellfahrstrecke nicht zu Zugbegegnungen in Tunneln kommen konnte. Zum Winterfahrplan 1992/93 endete der Einsatz der Airport-Express-Züge. Die Lok kam wieder in den normalen Dienst und bekam einen orientroten Anstrich.

Der »Lufthansa-Airport-Express« bestand in der Regel aus der 111 049 und drei Reisezugwagen, die in Lufthansafarben lackiert waren. Hier ist der Zug als LH 1022 am 21. Juli 1990 bei Tamm unterwegs.
| *Foto: M. Dostal*

Noch ist die 111 049 mit dem Airport-Express LH 1025 auf der alten Verbindung zwischen Stuttgart und Mannheim unterwegs. Die Aufnahme entstand am 12. Oktober 1990 bei Ölbronn.
| *Foto: M. Dostal*

Am Abend des 21. Juli 1990 hat die 111 049 mit dem Airport-Express LH 1026 Stuttgart Hbf erreicht und fährt nun zur Abstellung in das Werk Stuttgart-Rosenstein.
| *Foto: M. Dostal*

Die 111 073 zieht am 28. Juli 1990 einen EC bei Steinach die Brennerrampe hoch. Der Hintergrund hat sich bis heute durch weitere Gebäude deutlich verändert.
| *Foto: B. Rampp*

Autoreisezug D 9621/9620 »Christoforus- Express« von Düsseldorf nach München Ost und wieder zurück.

Weil die 111 eigentlich eine Schnellzuglok ist, war sie für den Einsatz im S-Bahn-Verkehr nicht optimal geeignet. Um dies zu verbessern, rüstetet die Bundesbahn die 111 166 mit einem Getriebe aus, dessen Übersetzung der der Baureihe 151 entsprach.

Nach wie vor gab es Leistungen, die zwei 111 erforderten. Dazu gehörten u.a. der FD 210 »Wörthersee« und FD 265 »Mozart« zwischen Stuttgart und München sowie die D-Züge D 300/301 (Nürnberg – Probstzella) und FD 723 »Berchtesgadener Land« von Frankfurt/Main nach München.

Zum Sommerfahrplan gab es in München erneut einen Umlauf für zwei S-Bahn-Maschinen. Dafür kamen im Austausch gegen die 111 061 und 069 die 111 114 und 150 nach Bayern. Sie fuhren wieder zwischen Tutzing und Kochel, kamen aber auch bis Garmisch-Partenkirchen.

Bis in den Mai 1988 waren die Lokomotiven der Baureihe 111 ausschließlich in den Betriebswerken München 1 und Düsseldorf 1 beheimatet. Nun kam das Betriebswerk Frankfurt/Main 1 hinzu. Dies wurde nötig, weil in München zu dieser Zeit die Arbeiten zum Bau des neuen ICE-Werks begannen und dem Betriebswerk dafür Gelände verloren ging. Aus Platzmangel gingen die 111 095 bis 108 und die 111 110 nach Frankfurt/Main. Von dort aus wurden sie bevorzugt auf der Verbindung nach Offenburg und weiter nach Konstanz genutzt. Über die Gäubahn wurden IC-Züge von Stuttgart nach Singen und zurückgefahren. Im Norden erreichten die Maschinen Aachen, Bielefeld und Münster/Westfalen.

München verlor seine Langläufe nach Norddeutschland und setzte seine Loks überwiegend in Richtung Süden und in Österreich ein. Schnellzüge zwischen Stuttgart und Frankfurt/Main übernahmen Loks der Baureihe 103.

In Düsseldorf erhöhte sich der Bedarf im S-Bahn-Dienst auf 56 Maschinen. Dazu mussten die »Ferneinsätze« der S-Bahn-Loks verringert werden. Allerdings blieben der EC 40/41 »Moliere« und der nur saisonal verkehrende Autoreisezug D 9621/9620 »Christoforus-Express« erhalten.

Die Bundesbahn dachte schon seit einiger Zeit über die Erhöhung der Geschwindigkeit geschobener Wendezüge bei der S-Bahn im Rhein-Ruhr-Gebiet nach. 1988 kam es nun dazu zu ersten Messfahrten. Die 111 141 und 154 waren deshalb auf der Linie S 3 zwischen Essen und Oberhausen unterwegs.

Im Sommer 1989 waren die planmäßig eingesetzten 192 Loks der Baureihe 111 wie folgt verteilt: München 110 Maschinen, Düsseldorf 70 Maschinen und Frankfurt/Main 12 Maschinen. Die übrigen dienten als Reserve oder waren zur Instandhaltung vorgesehen. Düsseldorfer Maschinen, die zur Revision ins AW München-Freimann mussten, erreichten dieses vor dem D 9621/9620 »Christoforus-Express«.

Zwar brachten die politischen Veränderungen Ende der 1980er-Jahre auch große Veränderungen im Bahnverkehr zwischen Ost und West mit sich, so kamen nun DB-Loks in den Ostteil und DR-Loks in die alte Bundesrepublik, auch wurde die Baureihe 112 als erste deutsch/deutsche Ellokbaureihe beschafft, dies hatte aber alles zunächst noch keine Auswirkungen auf den Einsatz der 111.

Wichtiger für die 111 war die Einführung einer »Fluglinie« zwischen Stuttgart und Frankfurt/Main auf der Schiene, für die die 111 049 genutzt wurde. Dazu wurde sie in den Lufthansafarben Gelb und Grau lackiert. Fiel die Lufthansa-Lok aus, so stellte Frankfurt eine »normale« 111 als Ersatzmaschine. Die übrigen Frankfurter Loks waren überwiegend mit der Beförderung der neu eingeführten Interregio-Züge zwischen Frankfurt/Main und Konstanz beschäftigt.

Anfang der 1990er-Jahre kamen mit der Baureihe 243/143 die ersten Lokomotiven der Deutschen Reichsbahn der DDR versuchsweise in Betriebswerke der Deutschen Bundesbahn. So wurden die Maschinen zunächst den Betriebswerken Mannheim und Dortmund zugeteilt. Die Mannheimer Maschinen wurde vor nahezu allen Zuggattungen vom Schnellzug bis zum schweren Güterzug eingesetzt. Dadurch veränderten sich später auch die Einsatzgebiete der Baureihe 111.

Anfang 1991 begann der Einsatz der 143 im S-Bahn-Dienst. Dazu wurde die 143 900 vor einen aus »x«-Wagen gebildeten Zug gespannt. Weil sie aber noch keine Zeitmultiplexe Wendezugsteuerung ZWS hatte, konnte sie den Zug nur ziehen. Die Lok zeigte sich als geeignet für den Einsatz und Dortmund wurden weitere Maschinen zugeteilt. Die Bundesbahn wollte mit den nur 120 km/h schnellen 143 die 160 km/h schnellen 111 ablösen und erteilte den Auftrag einige 143 mit der ZWS nachzurüsten. Trotzdem nahm der Bedarf an S-Bahn-111 im S-Bahn-Dienst zunächst noch zu, denn auf einigen Linien wurde der Takt verdichtet. Im Sommer 1991 waren dann alle Düsseldorfer S-Bahn-Loks in diesem Dienst unterwegs. Sämtliche andere Leistungen gingen auf andere Baureihen oder die 111 aus Frankfurt/Main über. Allerdings waren neben echten S-Bahn-Einsätzen auch Züge auf Linien zu bespannen, die erst in Kürze auf S-Bahnen umgestellt werden sollten. Um den kompletten Bedarf im immer größer werdenden S-Bahn-Netz zu decken, mussten wieder Triebwagen der Baureihe 420 ins Rhein-Ruhr-Gebiet geholt werden.

Der Frankfurter Umlauf wurde im Sommer 1991 auf 18 Tage ausgedehnt. Dafür kamen die 111 088 bis 095 nach Hessen. Die Maschinen kamen nun auch bis ins Ruhrgebiet und sogar bis an die Nordseeküsten in Norden-Norddeich. Zudem wurden Nürnberg, Kassel und Osnabrück angefahren.

Anfang 1992 verschärfte sich die Situation bei der S-Bahn-Rhein-Ruhr weiter. Zum einen wurde das Netz immer größer, zum anderen mussten die Triebwagen der Baureihe 420 bald wieder abgegeben werden, denn sie wurden in Frankfurt/Main und Stuttgart dringend gebraucht. Deshalb kamen die Münchner 111 189 bis 196 nach Düsseldorf. Sie konnten aber wegen fehlender ZWS nicht mit den »x«-Wagen fahren. Für sie wurden Züge aus Nahverkehrswagen »Silberlingen« der Bundesbahn und der Deutschen Reichsbahn gebildet. Es war zwar angedacht, die Maschinen mit ZWS nachzurüsten, aber angesichts des baldigen Einsatzes der Baureihe 143 im S-Bahn-Dienst wurde darauf verzichtet und mit dem Provisorium weitergefahren. Bereits im Sommer 1991 hatte München die 111 087 bis 094 nach Frankfurt/Main abgegeben. Ab Mitte 1992 erhöhte sich der Bestand um 111 083 bis 086 auf 27 Maschinen. Sie hatten überwiegend die neuen InterRegio-Züge zwischen Norden-Norddeich, Dortmund und Heidelberg sowie zwischen Frankfurt/Main, Offenburg und Konstanz zu bespannen. Auch der Autoreisezug AE 1520/1521 »Christophorus« und der IC 902/903 »Airport City« von Frankfurt/Main nach Düsseldorf Flughafen und zurück gehörten zu den Aufgaben der 111. Dazu kamen noch wenige Güterzugleistungen, die meist nachts gefahren wurden.

1992 und 1993 bekamen die 111 012, 044, 054, 072 und 206 versuchsweise zusätzliche Halogenscheinwerfer neben den unteren Spitzenlichtern. Sie sollten nachts die Sicht auf die Strecke verbessern. Später wurden diese Scheinwerfer wieder abgebaut.

Inzwischen hatte sich die neue Indusi I60R in den 111 001 und 111 002 bewährt. Mit ihr war eine Höchstgeschwindigkeit von 160 km/h ohne Beimann auf der Lok zugelassen. Zunächst wurden

Weil zu Beginn der IR-Verbindungen nicht genügend IR-Wagen zur Verfügung standen, mussten »normale« Reisezugwagen aushelfen. So im IR 1776 (Konstanz – Hamburg-Altona) am 15. Juli 1989 in Karlsruhe-Durlach. Zuglok ist die 111 103 | *Foto: M. Dostal*

Die 111 035 steht am 26. Oktober 1991 abfahrbereit im Bahnhof Probstzella. Die Garnitur des N 6723 nach Lichtenfels ist aus Wagen der Deutschen Reichsbahn gebildet. | *Foto: B. Rampp*

die 111 210 bis 219 entsprechend nachgerüstet. Die mit der neuen Indusi ausgestatteten Maschinen sollten bevorzugt von Frankfurt/Main aus IR-Züge bespannen. Somit war eine Umstationierung unumgänglich. Deshalb gingen 111 210 bis 219 nach Frankfurt/Main. Im Gegenzug wurden gleichviele Maschinen ohne die neue Indusi nach München geschickt. Nachdem diese damit ausgerüstet worden waren, kam es zum Rücktausch. Im Oktober 1993 waren die Nachrüstung der Frankfurter Loks und damit auch die Tauschaktionen abgeschlossen. Ab 1993 wurden von den Münchener Maschinen auch wieder Ziele in Norddeutschland angefahren.

Im selben Jahr lieferte der Waggonbau Görlitz die ersten neuen Doppelstockwagen an die Deutsche Bundesbahn. Mit ihnen wollte man den Pendlerverkehr im Raum München entspannen. Leider bestellte die Bundesbahn keine Steuerwagen mit, sodass eine schnelle Wende in den Endbahnhöfen nur mithilfe einer Lok an jedem Zugende möglich war. Zwar konnten zwei 111 von einem Führerstand aus gesteuert werden – dazu war die 36-polige Steuerleitung nötig. Die Doppelstockwagen hatten aber nur eine 18-polige UIC-Steuerleitung. Somit mussten die Loks angepasst werden. Sie wurden deshalb mit der »Zeitmultiplexen Doppeltraktionssteuerung« (ZDS) ausgestattet, deren Signale durch die Doppelstockwagen übertragen werden konnte. Die Auswahl fiel zunächst auf die 111 177 bis 188, die dafür vorher von Düsseldorf nach München umgesetzt worden waren.

Nicht sehr häufig bei den 111 war der orientrote Anstrich. Nur 52 Maschinen, darunter die 111 041, waren so unterwegs. (Böblingen-Hulb, 20. August 1991) | *Foto: M. Dostal*

Noch einmal die 111 049 mit dem Airport-Express LH 1022: Hier überquert sie am 14. März 1991 das Enzviadukt bei Bietigheim-Bissingen. | *Foto: M. Dostal*

Am 17. März 1991 wartet die 111 190 im nächtlichen Stuttgarter Hauptbahnhof mit dem E 3639 auf Ausfahrt. | *Foto: M. Dostal*

Ein klassisches Fotomotiv in Ulm bildete lange Zeit die Eisenbahnbrücke über die Donau mit dem Münster im Hintergrund. Heute versperren Lärmschutzwände die Sicht. Die Aufnahme der 111 043 entstand am 8. September 1991. | *Foto: M. Dostal*

Auch die Gäubahn von Stuttgart nach Singen gehörte zu den Einsatzstrecken der Baureihe 111, so zeigt die Aufnahme die 111 039 mit dem E 3709 am 31. Dezember 1992 in Ehningen bei Böblingen. | *Foto: M. Dostal*

Am 22. April 1992 haben die 111 121 und die 113 267 einen Leerzug nach München Hbf gebracht, der nun als E 3084 nach Passau fahren wird. | *Foto: B. Rampp*

1993 weilte die 111 111 zur Untersuchung im AW München-Freimann. Hier wartet sie auf Hebeböcken auf ihre Drehgestelle. | *Foto: B. Rampp*

Die 111 073 bringt am frühen Morgen des 23. Juli 1994 den Postzug bei Hochdorf von Augsburg nach München. | *Foto: B. Rampp*

Hochwertige Reisezüge mit 111 im Fahrplanjahr 1993/1994			
EC 166	Albert Einstein	Praha hl.n.	Bern
EC 167	Albert Einstein	Interlaken Ost	Praha hl.n.
IC 724	Berchtesgadener Land	Berchtesgaden	Hamburg-Altona
IC 725	Berchtesgadener Land	Hamburg-Altona	Berchtesgaden
IC 780	Königssee	Freilassing	Hamburg-Altona
IC 781	Königssee	Hamburg-Altona	Freilassing
IC 783	Rottaler Land	Würzburg	Pfarrkirchen
IC 812	Wetterstein	Seefeld in Tirol	Berlin Hbf
IC 813	Wetterstein	Berlin Hbf	Seefeld in Tirol
IC 902	Airport City	Frankfurt/Main	Düsseldorf Flughafen
IC 903	Airport City	Düsseldorf Flughafen	Frankfurt/Main
IR 2054		Konstanz	Dessau
IR 2055		Dessau	Konstanz
IR 2057		Halle	Konstanz
IR 2062		Dresden	Kempten
IR 2063		Kempten	Dresden
IR 2064		Görlitz	Oberstdorf
IR 2065		Oberstdorf	Görlitz
IR 2066		Dresden	Oberstdorf
IR 2067		Oberstdorf	Dresden
IR 2068		Chemnitz	Oberstdorf
IR 2069		Oberstdorf	Chemnitz
IR 2092		Salzburg	München
IR 2094		Salzburg	Nürnberg
IR 2095		Nürnberg	Salzburg
IR 2096		Salzburg	Stuttgart
IR 2160		Hof	München
IR 2164		Hof	Oberstdorf
IR 2165		Oberstdorf	Hof
IR 2166		Regensburg	Oberstdorf
IR 2167		Oberstdorf	Regensburg
IR 2169		München	Regensburg
IR 2190		Salzburg	Karlsruhe
IR 2191		Karlsruhe	Salzburg
IR 2192		Salzburg	Karlsruhe
IR 2193		Karlsruhe	Salzburg
IR 2195		Karlsruhe	Salzburg
IR 2196		Salzburg	Karlsruhe
IR 2197		Karlsruhe	Salzburg
IR 2198		Salzburg	Karlsruhe
IR 2199		Karlsruhe	Salzburg

Hochwertige Reisezüge mit 111 im Fahrplanjahr 1993/1994		
IR 2210	Heidelberg	Dortmund
IR 2211	Koblenz	Heidelberg
IR 2212	Freudenstadt	Emden
IR 2213	Dortmund	Freudenstadt
IR 2214	Heidelberg	Norddeich
IR 2215	Emden	Heidelberg
IR 2216	Seebrugg	Emden
IR 2217	Emden	Seebrugg
IR 2218	Heidelberg	Norddeich
IR 2219	Norddeich	Heidelberg
IR 2291	Karlsruhe	Salzburg
IR 2293	Karlsruhe	Salzburg
IR 2310	Stuttgart	Emden
IR 2311	Emden	Stuttgart
IR 2312	Karlsruhe	Norddeich
IR 2313	Norddeich	Karlsruhe
IR 2314	Köln	Emden
IR 2315	Emden	Koblenz
IR 2316	Dortmund	Norddeich
IR 2317	Norddeich	Köln
IR 2318	Köln	Dortmund
IR 2319	Emden	Köln
IR 2470	Konstanz	Karlsruhe
IR 2471	Karlsruhe	Konstanz
IR 2472	Konstanz	Ludwigshafen
IR 2473	Ludwigshafen	Konstanz
IR 2476	Karlsruhe	Kassel
IR 2477	Kassel	Karlsruhe
IR 2483	Norddeich	Bad Harzburg
IR 2486	Bad Harzburg	Norddeich
IR 2487	Norddeich	Bad Harzburg
IR 2488	Bad Harzburg	Norddeich
IR 2489	Norddeich	Hannover
IR 2561	Karlsruhe	Hof
IR 2565	Karlsruhe	Coburg
IR 2570	Konstanz	Kassel
IR 2571	Kassel	Konstanz
IR 2572	Konstanz	Kassel
IR 2574	Konstanz	Kassel
IR 2575	Kassel	Konstanz
IR 2577	Kassel	Konstanz

Hochwertige Reisezüge mit 111 im Fahrplanjahr 1993/1994			
IR 2578		Konstanz	Kassel
IR 2579		Kassel	Konstanz
IR 2602		Oberstdorf	Berlin-Lichtenberg
IR 2603		Berlin-Lichtenberg	Oberstdorf
IR 2606		Kempten	Leipzig
IR 2607		Leipzig	München
IR 2662		Dresden	Karlsruhe
IR 2670		Konstanz	Kassel
IR 2671		Kassel	Konstanz
IR 2672		Konstanz	Kassel
IR 2742		Dresden	Norddeich
IR 2743		Norddeich	Dresden
D 214		München	Amsterdam CS
D 284		Bozen	München
D 285		München	Bozen
D 356		Praha hl.n.	Stuttgart
D 482		Innsbruck	København
D 1122	Dolomiten-Express	Meran	Dortmund
D 1123	Dolomiten-Express	Dortmund	Meran
D 1288		Pescara C	München
D 1289		München	Pescara C
D 1298	Kärnten-Express	Klagenfurt	Hamburg-Altona
D 1299	Kärnten-Express	Hamburg-Altona	Klagenfurt
D 1900		München	Berlin Hbf
D 1901		Berlin Hbf	München
D 1924	Luna	München Ost	Norddeich
D 1960		Dresden	München
D 1961		München	Dresden
D 1962		Dresden	München
D 1988	Meteor	München Ost	Hamburg-Altona
D 1989	Meteor	Hamburg-Altona	München Ost
D 1999		Hamburg-Altona	Stuttgart
D 2083		Würzburg	München
D 2086		München	Würzburg
D 2087		Würzburg	München
D 2180		München	Würzburg
D 2181		Würzburg	München
D 2184		München	Würzburg
D 2882		Hamburg	Kiel
D 2900		München	Berlin Hbf
D 2901		Berlin Hbf	München

4.3 Bei der Deutschen Bahn AG

Im Januar 1994 bekamen die 111 057, 058 und 060 die neue LZB/I 80, mit der sie für Versuchsfahrten auf der Rheintalbahn im Rahmen des »Computer Integrated Railroading – Erhöhung der Leistungsfähigkeit im Kernnetz« (CIR-ELKE) genutzt wurden. Dazu wurden sie von München nach Frankfurt/Main umgesetzt.

»Computer Integrated Railroading – Erhöhung der Leistungsfähigkeit im Kernnetz« (CIR-ELKE)

Das »Computer Integrated Railroading – Erhöhung der Leistungsfähigkeit im Kernnetz« (CIR-ELKE) ist eine in den 1990er-Jahren begonnene Weiterentwicklung der Linienzugbeeinflussung (LZB) zur Verdichtung von Zugfolgen auf Eisenbahnstrecken. Dies kann durch mehrere Faktoren erreicht werden. Bei CIR-ELKE gibt es keine festen Blöcke mehr, in denen sich jeweils nur ein Zug befinden darf, sondern die Blöcke werden an die Geschwindigkeit der Züge angepasst. Das heißt, die sicherheitsbedingten Abstände bei Zügen in diesen »Hochleistungsblöcke« genannten Bereichen sind flexibel. So können die Züge dichter hintereinander herfahren. Dabei werden die Geschwindigkeiten der hintereinanderfahrenden Züge gegenseitig angepasst, sodass weniger Zugüberholungen nötig sind.

Außerdem können mit CIR-ELKE verminderte Geschwindigkeitsvorgaben so an das Triebfahrzeug weitergegeben werden, dass dieses nicht bereits ab dem (Einfahr-)Signal, sondern erst ab der tatsächlichen Stelle an der Einschränkung gelten, mit der Sollgeschwindigkeit fährt. Dafür wird das davor stehende Signal dunkel geschaltet, um Widersprüche zu vermeiden. Ohne CIR-ELKE gilt hingegen die Geschwindigkeitseinschränkung ab dem davor stehenden Hauptsignal. Als Pilotstrecke wurde der 125 km lange Abschnitt von Offenburg nach Basel auf der Rheintalstrecke ausgewählt.

Weil die Nachrüstung der Lokomotiven mit CIR-ELKE teuer ist, stattete die Bahn nur wirklich benötige Maschinen damit aus.

Gleichzeitig wurden die mit ZDS ausgerüsteten 111 178, 180, 183, 184, 185, 187 und 189 von Düsseldorf nach München abgegeben. Sie wurden bevorzugt von München aus nach Augsburg, Donauwörth, Ingolstadt und Treuchtlingen eingesetzt. Aber auch Nürnberg, Mittenwald oder Salzburg wurde ab und an erreicht.

Ab Sommer 1994 bespannten die 111 vormittags die kurzen »Wiesbaden-City«-Züge zwischen Frankfurt/Main und Wiesbaden. Zur gleichen Zeit startete die Bahn zwischen München und Garmisch-Partenkirchen einen Zwei-Stunden-Takt und führte einige Züge weiter bis Innsbruck. So kamen Maschinen der Baureihe 111 auf die Karwendelbahn.

Ende Dezember 1994 verteilten sich die Loks der Baureihe 111 nach wie vor auf die drei Betriebswerke Düsseldorf (74 Loks), Frankfurt/Main (30 Loks) und München (122 Loks).

Mitte 1995 lief die Unterhaltung der 111 im Ausbesserungswerk München-Freimann aus, von nun an war das Werk Opladen allein für die Maschinen zuständig. Diese hatte aber bereits zuvor schon 111 aufgearbeitet. Ab 1995 war Dessau allein für die 111 verantwortlich. Auch das Werk Dessau hatte vorher die 111 schon revisioniert.

Durch den Zugang zahlreicher Maschine der Baureihe 143 nach Düsseldorf entstand dort ein Platzmangel. Deshalb wurden im Laufe des Jahres 36 Maschinen der Baureihe 111 von Düsseldorf nach Dortmund umbeheimatet. Dort übernahmen sie die Beförderung von StadtExpress-Zügen von nicht wendezugfähigen Maschinen der Baureihe 110. Dabei waren sie auf der 287 km langen Linie SE 1 zwischen Bielefeld, Duisburg, Hamm, Köln und Aachen mit neuen Doppelstockwagen unterwegs.

Im Winter 1995/1996 verließen dann erstmals 13 S-Bahn-farbene Maschinen Düsseldorf in Richtung Frankfurt/Main. Außerdem wurden die 111 189 bis 196 nach München zurückgeschickt.

Die mit Zusatzscheinwerfern und neuen Puffern ausgestattete 111 044 ist am 25. Juli 1995 mit dem aus neuen RegionalBahn-Wagen gebildeten RE 3611 bei Esslingen-Zell unterwegs | *Foto: M. Dostal*

Auf ihrem Weg von Stuttgart nach Tübingen legt die 111 071 am 1. März 1995 mit dem E 3611 in Wendlingen einen Zwischenhalt ein. | *Foto: M. Dostal*

Nach der Übernahme durch die Deutsche Bahn AG bekamen die Loks das neue rote DB AG-Logo. Damit zeigt sich die 111 081 am 27. Juni 1995 mit dem IR 2656 (Berlin-Lichtenberg – Konstanz) in Karlsruhe Hbf. | *Foto: M. Dostal*

Blick ins AW Dessau am 25. März 1996. Neben der 111 217 stehen drei Maschinen der Baureihe 143 zur Aufarbeitung an. | *Foto: B. Rampp*

Dadurch ging der Bestand in Düsseldorf auf 15 Maschinen (111 112, 130 und 164 bis 176) zurück, die überwiegend auf der S 8 eingesetzt wurden. Die Dortmunder Loks waren meist nicht im S-Bahn-Dienst anzutreffen, sondern mit Regionalzügen unterwegs.

Mit 125 Exemplaren blieb München nach wie vor die Hochburg der Baureihe 111. Hier wurden die Loks überwiegend im Regionalverkehr genutzt. Es gab aber auch noch hochwertige Leistungen wie den IC 622 »Franken-Kurier«, IC 725 »Berchtesgadener Land« und IC 983 »Adler«, die die 111 auf Teilstrecken bespannten. Neu für die Münchener Maschinen war die Bespannung von Regionalzügen auf der neu elektrifizierten Strecke zwischen Hamburg und Kiel. Die Loks kamen mit dem D 1988 »Meteor« in den Norden und fuhren nach sieben Tagen mit dem D 1989 »Meteor« wieder nach München zurück.

Der Einsatzbereich der Frankfurter Loks hatte sich gegenüber dem Vorjahr kaum verändert. Neu war lediglich der Regionalverkehr nach Fulda. 1995 kamen die 111 erstmals planmäßig in die neuen Bundesländer, so wurden IC-Züge zwischen Frankfurt/Main und Dresden mit ihnen bespannt. Durch den Zugang von weiteren Lokomotiven der

Am 6. Februar 1997 schiebt die 111 025 den RE 3618 bei Altbach durch das Neckartal. | *Foto: M. Dostal*

Baureihe 143 im Bw Düsseldorf konnten die 111 von dort immer mehr abgezogen werden und zum Sommerfahrplan 1996 endete der Einsatz der 111 vor den S-Bahn-Zügen im Rhein-Ruhr-Gebiet. Allerdings blieben fünf Loks als Reserve in Düsseldorf, die bei Ausfällen der 143 zum Einsatz kamen. Im Frühjahr 1997 gab Düsseldorf diese Maschinen nach Dortmund, Frankfurt/Main bzw. München ab.

Die Dortmunder Maschinen wurden in zwei Laufplänen im Regionalverkehr im Rhein-Ruhr-Gebiet eingesetzt, u.a. auf den Linien RE 1 und RE 2.

Für die Frankfurter Maschinen endete im Sommer 1996 der Einsatz auf der Höllentalbahn, denn die IR-Züge wurden hier von der Baureihe 143 übernommen. Dafür waren die Loks jetzt nach Thüringen und vor den IR-Zügen nach Chemnitz unterwegs.

In S-Bahn-Lackierung durcheilt 111 177 am 31. Mai 1997 mit einer RegionalBahn von Tutzing nach Kochel bei Bichl die frühlingshafte Landschaft. | *Foto: B. Rampp*

Ab 1996 zeichnete sich bereits der Rückgang der Beförderung hochwertiger Reisezüge mit der Baureihe 111 ab. Gründe dafür waren, dass zum einen die Baureihe 101 nun im EC-/IC-Verkehr zu finden war. Sie verdrängte dort nach und nach die Baureihe 103, die dann ihrerseits Aufgaben der Baureihe 111 übernehmen sollte. Zum anderen beschloss die Bahn die Abschaffung der InterRegio-Züge, denn der Fernverkehr sollte künftig nur noch mit ICE- und EC-/IC-Zügen bedient werden.

Anfang 1997 trat die zweite Stufe der Bahnreform in Kraft. Dabei entstanden getrennte Geschäftsbereiche unter anderem für den Fern-, den Nah- und den Güterverkehr. Die Baureihe 111 wurde dem Nahverkehr zugeordnet und stand dem Fernverkehr nur noch bedingt zur Verfügung. Hochwertige Leistungen der 111 waren zu dieser Zeit noch der IR 2484/2485 »Ostfriesland« von Dresden über Magdeburg und Hannover nach Norden Norddeich und der aus Talgo-Wagen gebildete Nachtzug ICN 1544/1545 auf dem Abschnitt von Berlin nach Bonn. Im Dezember 1997 wurde der Zug bis nach Frankfurt/Main verlängert. Um die 111 weiterhin besonders mit Wendezügen flexibel einsetzen zu können, mussten die Maschinen mit ZWS ausgerüstet werden, denn immer mehr Steuerwagen konnten nur über die ZWS mit der Lokomotive kommunizieren. So war die Umrüstung von etwa 35 Maschinen angedacht.

Im Frühjahr 1997 wurde der Bestand der Baureihe 111 in Düsseldorf vollständig aufgelöst, denn es standen genügend Maschinen der Baureihe 143 zur Verfügung. Allerdings fuhr die nach Dortmund umbeheimatete 111 174 zunächst weiterhin auf den S-Bahn-Linien S 6 oder S 8. Mitte September endete auch dieser Einsatz.

Frankfurter Loks waren nun verstärkt in Norddeutschland unterwegs. So bespannten sie von Berlin aus InterRegio-Züge nach Amsterdam, Norden-Norddeich und Wismar.

München hatte 125 Exemplare der 111 im Einsatz. Davon wurden 96 in acht Umlaufplänen benötigt. Weiterhin gab es den Einsatz zwischen Hamburg und Kiel. Die Loks wurden mit den ICN 1589/1588 zwischen München und Hamburg-Altona ausgetauscht.

Ende 1997 bekam München die mit ZWS ausgestatteten 111 142, 145 bis 148, 164 bis 169 und 174. Dafür gingen 111 013 bis 024 nach Dortmund. München benötigte die Maschinen für den Einsatz auf den Regiolinien zwischen Nürnberg und Sonneberg bzw. zwischen Bamberg, Nürnberg, Regensburg und München, denn hier sollten die Züge auf Wendezüge mit modernen Doppelstockwagen umgestellt werden.

Die 111 187 ist am 8. Juli 1997 mit dem sehr langen SE 3933 in Doppelstock-Sandwichbespannung zwischen Augsburg und München bei Hochdorf unterwegs. Heute ist die Strecke hier viergleisig. | *Foto: B. Rampp*

Kam es bis 1998 nur zum Tausch von 111 zwischen den drei bekannten Heimatwerken – bisher wurden etwa ZWS-Maschinen aus dem Norden nach München umbebeimatet –, so bekam das Werk Nürnberg nun erstmals 20 Exemplare aus München, um die oben genannten RE-Leistungen bespannen zu können. München bekam als Ersatz fabrikneue Lokomotiven der Baureihe 120[1].

Ende Mai gingen nochmals 53 Loks aus München und vier aus Frankfurt/Main nach Nürnberg. Dort war der Bestand nun größer als in München. Hier wurden die Lokomotiven mit ZWS mit den neuen »modus«-Wagen gekuppelt. Sie kamen auf den Strecken zwischen Bamberg, Würzburg und Wiesbaden sowie zwischen Nürnberg, Würzburg und Frankfurt/Main zum Einsatz. Im Gegenzug verloren die Frankfurter Maschinen viele ihrer InterRegio-Leistung an Baureihen des Fernverkehrs (101, 103, 112, 120). Auch die von München aus gefahrenen Doppelstockzüge wurden recht schnell von Nürnberger ZWS-Lok übernommen. Außerdem waren die Nürnberger Loks vor Schnellzügen nach München, Stuttgart und sogar bis zum Brenner unterwegs.

Die mit LZVB/CIR-ELKE ausgestatteten 111 048 bis 066 und 111 068 waren Ende Mai 1998 in Frankfurt/Main zuhause. Sie waren bevorzugt auf der Teststrecke zwischen Offenburg und Basel im Einsatz.

1999 begann der Einsatz der Baureihe 111 mit den »PUmA«- bzw. »modus«-Wagen. Auch sie müssen über die ZWS gesteuert werden. Die neuen Wagen waren zunächst zwischen Bamberg, Würzburg und Wiesbaden unterwegs. Später waren sie zwischen Nürnberg, Würzburg und Frankfurt/Main zu finden. Weil immer mehr Maschinen mit ZWS ausgerüstet wurden, entschloss sich die Bahn zur Trennung der unterschiedlichen Fahrzeuge. So wurden die bayerischen Loks mit ZWS in Nürnberg beheimatet, die konventionellen in München.

Im Mai 1998 kam es für einige Wochen wegen einer Sperrung der Strecke München – Garmisch zu einem Einsatz der Baureihe 111 auf der Strecke Murnau – Oberammergau. Wegen der zu hohen Radsatzlast durften die 111 auf der gesamten Strecke aber nur 40 km/h schnell fahren. Hier kreuzen sich die 111 005 und die 111 194 am 9. Mai 1998 mit ihren Regionalbahnen in Bad Kohlgrub.
| *Foto: B. Rampp*

Die orientrote 111 012 wartet am 12. Juni 1998 unter der markten Überdachung des Kölner Hauptbahnhofs auf die Weiterfahrt.
| *Foto: R. Meier*

Die 111 193 ist am 25. April 1998 mit SE 6310 (München – Landshut) bei Volkmannsdorf an der Isar unterwegs.
| *Foto: B. Rampp*

»modus«-Wagen

Mitte der 1990er-Jahre stellte die PFA – Partner für Fahrzeug-Ausstattung GmbH (PFA) – in Weiden mit ihrem »PFA-Umbaukonzept mit Aluminiumaufbau (PUmA)« eine völlig neue Vorgehensweise bei der Aufarbeitung alter Reisezugwagen vor.

In dem von der Bundesbahn bereits 1984 begonnen Modernisierungsprogramm sollte möglichst viel von der alten Wagensubstanz erhalten bleiben. Deshalb wurden die alten Untergestelle und Wagenkästen aufgearbeitet und die Fahrzeuge unter anderem mit neuen Fenstern und neuen Inneneinrichtungen ausgestattet.

Die PFA ging mit dem »PUmA«-Konzept einen ganz anderen Weg. Von den Spenderwagen blieben nur Laufwerk und Untergestell erhalten. Der Wagenkasten wurde nach neusten Gesichtspunkten der Leichtbautechnik, die auch im Omnibusbau zum Einsatz kamen, entwickelt. Es entstand ein modularer Aufbau, der Untergestell, Wagenkasten und Inneneinrichtung beinhaltete.

Bemerkenswert bei diesem Konzept sind die unterschiedlichen Anforderungen an die einzelnen Elemente. So sind das Laufwerk und das Untergestell für eine möglichst lange Lebensdauer ausgelegt. Die Innenein-

Der überwiegend verkehrsrot lackierte IC 119 »Alpenland« (Münster – Seefeld in Tirol) mit der 111 205 bildet am 7. August 1999 in den Buckelwiesen bei Klais einen schönen Kontrast zur Landschaft.
| *Foto: B. Rampp*

richtung soll sich schnell an die Wünsche der Kunden anpassen und entsprechend einfach umbauen lassen. Bisher waren viel Zeit und Geld für die Arbeiten am alten Wagenkasten erforderlich gewesen. Das Konzept des neuen Wagenkastens reduziert den Aufwand der Aufarbeitung erheblich. Außerdem konnte die Dauer der Aufarbeitung und damit die Ausfallzeit des Wagens verringert werden. Zusätzlich ergab sich die Möglichkeit, den Wagenkasten nach den Wünschen der Kunden zu gestalten.

Im Rahmen dieser Aufarbeitung entstanden 44 Mittelwagen der Bauart Bypz 456 und elf Steuerwagen der Bauart ABpybdzf 484.

Es sei noch angemerkt, dass ein bekannter Sportartikel-Hersteller den Namen »PUmA« für sich reklamierte, sodass das Projekt der PFA in »modulares Umbausystem« (modus) umbenannt wurde.

Die 111 176 gehört zu den wenigen in S-Bahn-Farben lackierten Maschinen mit einer verkehrsroten Bauchbinde. Am 2. April 2001 verlässt sie Stuttgart Hbf. | *Foto: M. Dostal*

Die 111 211 durchfährt am 11. Februar 2001 den stillgelegten Bahnhof Kaltenbrunn zwischen Mittenwald und Garmisch. | *Foto: B. Rampp*

Das Schloss in Harburg (Schwaben) bildet den Hintergrund für die 111 187 und die RegionalBahn RB 71812 am 24. September 2000 auf dem Weg von Donauwörth nach Aalen.
| *Foto: B. Rampp*

Ihren aus roten Doppelstockwagen gebildeten Wendezug schiebt die 111 211 am 27. September 2000 bei Stuttgart-Bad Cannstatt aus dem Neckartal heraus in Richtung Waiblingen.
| *Foto: M. Dostal*

Im Winterfahrplan 1999/2000 kam Braunschweig als weitere Dienststelle für die Baureihe 111 hinzu. Zwar wurden die Loks hier noch nicht beheimatet, aber zwei Dortmunder Maschinen bekamen einen Umlauf von Braunschweig aus. Sie waren ausschließlich auf der RegionalBahn-Linie RE 70 »Weser-Leine-Express« zwischen Braunschweig, Hannover und Bielefeld unterwegs.

Zum Winterfahrplan 2000/2001 gab das Werk Frankfurt/Main seine S-Bahn-Maschinen ab. Zwölf von ihnen gingen nach Dortmund, zwei nach Nürnberg. Außerdem wechselten die 111 048 bis 050 nach München. Frankfurt/Main bekam als Ersatz zehn Maschinen mit ZWS aus München. Ab 2001 musste auf Anweisung des Eisenbahnbundesamts das neue »Technikbasierte Abfertigungsverfahren« (TAV) bei Loks und Wagen des Regionalverkehrs nachgerüstet werden. Zu den ersten Maschinen der Baureihe 111, die mit dem TAV ausgestattet wurden, gehörten 111 054 und 086.

TAV

Das »Technikbasierte Abfertigungsverfahren« (TAV) dient zur Freigabe und dem Schließen der Wageneinstiegstüren durch den Triebfahrzeugführer. Somit kann bei der Abfertigung von Regionalzügen auf den Zugbegleiter verzichtet werden. Im Fernverkehr wurde das TAV ab 2018 eingeführt, um den Zugpersonalen mehr Zeit für Service an Bord der Züge zu geben. Das TAV löst die bisherige »Seitenselektive Türsteuerung« (SST) ab.

Im Juni 2001 kam Braunschweig als weiteres Heimatwerk für die Baureihe 111 hinzu. Es bekam 24 ZWS-Maschinen aus Dortmund und Frankfurt/Main zugewiesen. Allerdings waren die Loks nicht ganz neu für das dortige Personal, denn schon zuvor wurden 111 von Braunschweig aus eingesetzt. Nun wurde ein 21-tägiger Umlauf erstellt, der unter anderem Leistungen zwischen Hamburg, Bremen, Uelzen, Hannover, Norden Norddeich, Bielefeld, Osnabrück und Rhein enthielt. Frankfurt/Main bekam als Ausgleich Lokomotiven aus Nürnberg.

Zur gleichen Zeit wurde die CIR-ELKE-Maschinen nach Freiburg im Breisgau umbeheimatet, um die Loks näher an der oberen Rheintalbahn zu haben. Sie lösten dort Maschinen der Baureihe 143 vor neuen Doppelstockzügen ab.

Zu den Spitzenleistungen des Jahres 2002 bei der Baureihe 111 gehörte die Beförderung des DZ 13213/13212 »Alpen-Express« von Utrecht nach Bludenz durch eine Maschine aus Dortmund. 2002 wurde der Bestand der Baureihe 111 weiter zerstückelt, denn als neues Heimatwerk kam nun Stuttgart hinzu, das 16 Maschinen aus Nürnberg und München bekam. Die Loks wurden zunächst von Stuttgart aus nach Augsburg, Rottweil und Tübingen eingesetzt. Später verlagerte sich der Einsatz in Richtung Würzburg und Nürnberg.

Auch begann in diesem Jahre die sukzessive Ablösung der Baureihe 111 durch neue Baureihen. So gingen die ersten Elloks der Baureihe 146 und die Triebwagen der Baureihen 425 und 426 in Betrieb, die die Aufgaben der 111 übernahmen. Die 111 lösten ihrerseits die älteren Maschinen der Baureihen 110 und 141 ab.

2002 erschien die erste Werbelok bei der Baureihe 111. Im März wurde die 111 030 mit Motiven zum Musical »Tanz der Vampire« beklebt (siehe S. 53). Die nun blaue Lok brachte zwischen Dezember und April an jedem dritten Sonntag Besucher des Musicals von München nach Stuttgart-Vaihingen. Ansonsten war sie in den normalen Umlauf-

Für das Musical »Tanz der Vampire« wurde die 111 030 mit passenden Werbefolien beklebt. Am 17. November 2002 bringt sie Besucher des Musicals mit einem Sonderzug nach Stuttgart-Vaihingen.
| *Foto: M. Treutler*

Die 111 024 schiebt einen RegionalExpress nach München Hbf, aufgenommen auf der Braunauer Brücke über die Isar vor München Süd am 20. April 2003.
| *Foto: B. Rampp*

Die »Vampir«-Lok 111 030 ist am 15. November 2003 mit dem RE 5413 bei Garmisch-Partenkirchen unterwegs.
| *Foto: B. Rampp*

Am Schluss des bunten RE 19659 verlässt die 111 082 am 21. April 2003 den Bahnhof von Bondorf in Richtung Horb. | *Foto: M. Dostal*

Während die 203 116 am 18. Juni 2006 in Regensburg einen Reisezug am Bahnsteig bereitstellt, wartet rechts die ehemalige Farbversuchslok 111 068 auf einen weiteren Einsatz. | *Foto: M. Dostal*

Die erste Lok ihrer Baureihe, die 111 001, steht am 16. Juli 2007 in Ulm Hbf mit einem RegionalExpress zur Rückfahrt nach München bereit. | *Foto: M. Dostal*

Hochbetrieb in Emden Hbf: Neben zwei Maschinen der Baureihe 111 sind die 101 124 und ein Dieseltriebwagen der Baureihe 614 am 27. Mai 2006 hier eingetroffen. | *Foto: M. Dostal*

Die 111 004 hatte am 23. November 2006 auf einem Bahnübergang in Eschenlohe einen Unfall mit einem Lkw. Am 21. Januar 2007 steht sie immer noch beschädigt im Werk München. | *Foto: R. Meier*

Die markanten Hallen des Hauptbahnhofs Aachen bilden die Kulisse für einen RegionalExpress, den die 111 123 am 12. April 2007 hier her gebracht hat.
| *Foto: Dr. B. Domagalski*

Zum 850. Stadtjubiläum von München wurde die 111 027 mit auffälligen Werbefolien beklebt. Mit einem kurzen Wendezug steht sie am 31. Mai 2008 in München Hbf für eine Sonderfahrt bereit. | *Foto: M. Dostal*

Am 3. August 2008 überquert die 111 027 mit der RB 5416 die Schloßbachbrücke bei Hochzirl.
| *Foto: B. Rampp*

Die Strecke von Offenburg nach Basel wurde testweise mit CIR-ELKE ausgestattet. Dort wurden bevorzug Maschinen mit dieser Einrichtung eingesetzt. Dazu gehört auch die 111 054, die am 25. August 2008 ihren Wendezug aus Denzlingen schiebt. Links fährt 111 061 gerade in den Bahnhof ein.
| *Foto: R. Meier*

Die 111 002 schiebt ihren RegionalExpress am 15. Februar 2009 von Garmisch-Partenkirchen nach München, hier in Starnberg Nord.
| *Foto: B. Rampp*

plänen in München unterwegs. Ihre Beklebung wurde im Juni 2005 im Rahmen einer Hauptuntersuchung wieder entfernt.

Am 10. Mai 2002 ereignete sich ein Unfall mit der 111 182. Sie war mit ihrem RegionalExpress 31010 von Salzburg nach München bei Grabenstätt unterwegs, als ein Bagger eine Straßenunterführung beschädigte, auf der sich der Zug gerade befand. Weil der Zug mit einer geringen Geschwindigkeit von 40 km/h unterwegs war, entgleisten nur ein Wagen und die schiebende Lok. Die 111 wurde nach München gebracht und dort repariert. Sie schied erst Ende der 2010er-Jahre aus dem Dienst aus und wurde 2019 zerlegt.

Am 11. Februar 2003 gab es mit der 111 063 in Gießen einen Unfall. Eine Rangierfahrt prallte wegen einer falsch gestellten Weiche auf die abgestellte Maschine und beschädigte diese erheblich. Weil die Bahn aber noch nicht auf die Ellok verzichten konnte, wurde sie zur Aufarbeitung nach Dessau geschleppt. Ende Juli 2003 stand sie schon wieder im Einsatz. Sie wurde 2017 von ihrer nächsten Untersuchung zurückgestellt und 2019 ebenfalls verschrottet. Im Sommer 2003 trafen

Auch dieses Motiv in Wuppertal ist bei Eisenbahnfotografen sehr beliebt. Am 5. Juli 2009 ist hier die 111 119 unterwegs. Leider war in diesem Moment keine Schwebebahn zur Stelle. | *Foto: Th. Estler*

Die Klappbrüche über die Hafeneinfahrt in Emden ist ein beliebtes Fotomotiv. Am 28. Dezember 2010 wird sie von der 111 087 mit dem RE 14114 überquert. | *Foto: M. Dostal*

elf Exemplare der Baureihe 111 aus Dortmund im Werk Köln-Deutzerfeld ein. Der Aufgabenbereich der Loks blieb trotz der Umstationierung der gleiche. So waren sie auf der Linie RE 9 zwischen Aachen, Köln, Siegen und Gießen sowie auf der RB 48 zwischen Köln und Wuppertal unterwegs. Zu gleichen Zeit gingen in Braunschweig die ersten Leistungen von der Baureihe 111 auf die Baureihe 146 über und München setzte von seinen 49 Maschinen 41 in vier Laufplänen ein.

2004 eroberten die Lokomotiven der Baureihe 146 auch in Freiburg/Breisgau und Frankfurt/Main zusätzlich die Aufgabengebiete der Baureihe 111. Braunschweig bekam leihweise die 146 112 zugeteilt. Dies führte dazu, dass die Braunschweiger 111 134 dafür nach Dortmund abgegeben wurde. In Freiburg/Breisgau lösten die 146 die 111 an den RE-Zügen zwischen Offenburg und Basel SBB ab. Die 111 wurden nun vor RE-Zügen zwischen Karlsruhe und Konstanz genutzt, die bisher mit Maschinen der Baureihe 110 bespannt wurden. Braunschweig nutzte seine 111 Ende 2004 in zwei Plänen mit 15 und vier Lokomotiven. Der kleine Laufplan bediente die Verbindung zwischen Bielefeld und Braunschweig.

Die knapp 50 Loks in München waren in fünf Plänen unterwegs. In Nürnberg waren es vier Pläne mit elf, 15, sieben und nochmals 15 Maschinen. In Stuttgart gingen erste Leistungen an die neue 146^2 über.

Auch im Winter 2005/2006 gab es noch ab und an Sonderleistungen nach Österreich. So führten Dortmunder 111 den DZ 13221/13220 von Aachen nach Innsbruck und den DZ 13213/13212 von

Am Abend des 4. Juli 2009 schiebt die 111 149 einen RegionalExpress durch Wuppertal-Steinbeck. | *Foto: Th. Estler*

Im Juni 2009 prägten überwiegend Elloks aus den Personenverkehrssparten der DB AG das Geschehen im DB-Fahrzeugwerk Dessau. Die 111 155 wurde von der DB Regio Nord GmbH, Dortmund, zur HU nach Dessau gebracht. | *Foto: U. Miethe*

Venlo nach Zell am See und wieder zurück.

Durch die Anlieferung der Baureihe 146 verschoben sich die Beheimatungen und Einsätze der 111 immer mehr. Zwar blieben die Loks weiterhin im Einsatz, mussten aber mehr und mehr untergeordnete Dienst verrichten, wo sie die Loks der Baureihen 110 und 141 aufs Abstellgleis verbannten. Mit der Anlieferung der ersten 146[2] nach Nürnberg wechselten die dortigen 111 nach München. Allerdings ging in München der langjährige Einsatz zwischen Freilassing und Berchtesgaden zu Ende, den die Verbindung wurde nun von den ÖBB mit ihren »Talent«-Zügen bedient. Dafür wurden die Züge zwischen Tutzing und Kochel wieder mit der Baureihe 111 bespannt.

Größere Veränderungen ergaben sich bei den Loks aus Freiburg/Breisgau. Dort übernahmen die Baureihe 146 den Verkehr auf der Schwarzwaldbahn zwischen Karlsruhe, Offenburg und Konstanz. Die 111 übernahmen dafür Leistungen der 110, die dann an andere Werke abgegeben wurde.

Am 23. November 2006 bespannte die 111 004 die RegionalBahn 30633 von München nach Mittenwald. Auf einem Bahnübergang in Eschenlohe stand ein Lkw, der beim Annähern des Zugs den Bahnübergang nicht mehr verlassen konnte, so-

Eine unbekannte 111 passiert mit dem München-Salzburg-Express RE 30013 die Filialkirche St. Johannes und Paulus bei Mauerkirchen am 9. September 2009 in Richtung Österreich. | *Foto: U. Miethe*

Foliendesign macht es möglich. Innerhalb nur eines Tages entstand am 18./19. November 2010 in der Werkstatt der DB Regio AG in München Pasing aus der verkehrsroten 111 017 durch Bekleben eine Werbelok für das Bahnland Bayern, natürlich in den bayerischen Landesfarben Weiß und Blau. Die Beklebung der Lok beginnt mit einer ersten langen Bahn, die die zunächst provisorisch angeheftet und genau ausgerichtet wird. Danach beginnt die Teamarbeit des Beklebens. | *Fotos: U. Miethe*

Der aus der 111 027, sieben Schiebewandwagen und fünf RegionalBahn-Wagen gebildete Zubringerzug zur BR-Radltour ist am 31. Juli 2010 als Leerzug 75584 in Ostermünchen auf dem Weg nach München-Pasing. Zuvor war er als RE 32071 von Aschaffenburg über Augsburg und München Ost nach Rosenheim gekommen. | *Foto: Dr. Ch Schröfl*

dass die Lok frontal mit dem Lkw zusammenstieß. Sie wurde dabei so schwer beschädigt, dass sich eine Aufarbeitung nicht mehr lohnte und die 111 004 am 16. April abgestellt wurde. Ihre Ausmusterung erfolgte dann am 17. Juni 2008. Sie war damit die zweite 111, die aus dem Bestand ausschied.

Das Jahr 2007 brachte eine Umzeichnung der Lokomotiven mit sich, denn zu diesem Zeitpunkt wurde in Deutschland und weiteren europäischen Staaten das nationale Fahrzeugeinstellungsregister eingeführt.

Die 111 037 bringt am 1. Februar 2010 die RegionalBahn RB 30373 von München Hbf nach Mittenwald. Die Aufnahme zeigt sie bei der Einfahrt in Eschenlohe. | *Foto: U. Miethe*

Nationales Fahrzeugeinstellungsregister (NVR = National Vehicle Registration)

Um Schienenfahrzeuge schneller und vor allem eindeutig identifizieren zu können, führte der internationale Eisenbahnverband UIC 2007 das Nationale Fahrzeugeinstellungsregister ein. Außer der Loknummer sind in diesem Register und der nun zwölfstelligen Fahrzeugnummer auch Angaben zur Bauart des Schienenfahrzeugs und zum Land, in dem das Fahrzeug eingestellt ist, enthalten. Für die Baureihenangabe wurde eine vierstellige Zahl festgelegt. Damit musste bei deutschen Triebfahrzeugen eine Füllziffer eingefügt werden. Sie wurde bei Lokomotiven so gewählt, dass die Kontrollziffer unverändert bleiben konnte. Aus der 111 137 6 wurde beispielsweise die 91 80 6111 137-6. Dabei steht die »91« für elektrische Lokomotiven mit einer Höchstgeschwindigkeit von 100 km/h oder mehr und die »80« für Deutschland.

Nicht nur neue Maschinen bei der Deutschen Bahn AG, sondern auch die zunehmende Bedienung einzelner Strecken oder gar ganzer Netze durch private Eisenbahnunternehmen machten der 111 mehr und mehr zu schaffen. So war der »Metronom« in Norden Deutschlands aktiv. Im Raum Kassel übernahm die cantus Verkehrsgesellschaft mbH Leistungen der 111. Im Westen kamen mit der Abellio GmbH, der Eurobahn GmbH & Co. KG und der WestfalenBahn GmbH (WFB) gleich drei Konkurrenten hinzu. Allerdings gab es für die 111 noch so viele Ersatzaufgaben, dass Ausmusterungen verhindert werden konnten. Die ging aber zulasten der Baureihe 110 und 141. Von denen die Letztgenannte nun endgültig von den Gleisen verschwand.

Deshalb war Ende 2007 von den noch 226 vorhandenen Maschinen nur die oben genannte 111 004 abgestellt. Die anderen Loks verteilten sich auf folgende Werke: Braunschweig (24 Loks),

Im verschneiten Münchner Hauptbahnhof stehen am Abend des 30. November 2010 die 111 052 mit einem RE nach Salzburg und eine weitere 111 mit einer RB nach Rosenheim im Holzkirchner Flügelbahnhof zur Abfahrt bereit. | *Foto: U. Miethe*

Dortmund (15 Loks), Frankfurt/Main 1 (30 Loks), Freiburg (7 Loks), Köln-Deutzerfeld (29 Loks), München (46 Loks), Nürnberg West (57 Loks) und Stuttgart (17 Loks). Damit teilten sich München und Nürnberg knapp die Hälfte des Bestands. 111 017 hatte Ende Februar 2007 in Kufstein einen Rangierunfall, bei dem der Rahmen der Lok beschädigt wurde. Sie wurde daraufhin nach Dessau gebracht. Nach einer Begutachtung wurde eine Aufarbeitung der Maschine beschlossen und die Lok blieb noch bis Oktober 2020 im Bestand der DB. Danach wurde sie an die Helrom GmbH verkauft.

Mit 111 027 gab es die zweite Werbelok bei der Baureihe 111. Anlass war das 850. Stadtjubiläum von München. Die mit passenden Folien beklebte Lok wurde am 30. Mai 2008 in München Hbf präsentiert und pendelte am darauffolgenden Tag zwischen Hauptbahnhof und dem Werk in Pasing, wo ein Tag der offenen Tür stattfand. Leider ereignete sich kurz darauf mit der Lok ein Unfall. Zwischen München und Weilheim kollidierte die Lok mit einem Lastwagen und wurde dabei leicht beschädigt. Nach ihrer Reparatur war sie erst wieder im Juli 2008 einsetzbar.

Im Spätsommer 2008 traten bei Untersuchungen Schäden an den Radsätzen mehrerer ICE-Züge zutage. Die Züge wurden zunächst aus dem Betrieb genommen und das Eisenbahnbundesamt forderte künftig genauere Untersuchungen der Radsatzwellen in kürzeren Zeitabständen. Durch die ausgefallenen ICE wurde die Baureihe 111

Oppenweiler mit seiner markanten Burg ist der nächste Halt der 111 076, die am 18. April 2010 ihren RegionalExpress von Stuttgart nach Nürnberg schiebt. | *Foto: Th. Estler*

kurzzeitig mit Ersatzzügen wieder in Fernverkehrsdiensten eingesetzt.

Das Jahr 2009 bescherte zwei weiteren Werken einen Bestand an Maschinen der Baureihe 111. So ging am Anfang September die 111 115 aus Köln nach Trier. Köln bekam als Ausgleich die 111 149 aus Dortmund. Im Dezember kamen die ebenfalls aus Köln stammenden 111 121 und 127 hinzu. Die drei Lokomotiven wurden vor aus Doppelstockwagen gebildeten RE-Zügen zwischen Saarbrücken, Trier und Mannheim genutzt.

Das Werk in Ludwigshafen bekam zum Fahrplanwechsel 2009/10 aus München die 111 030, 042, 045, 069 und 072. Die Loks bespannten aus einstöckigen Nahverkehrswagen gebildete RE-Züge zwischen Mannheim, Heidelberg und Heilbronn.

Am Abend des 22. September 2009 erreicht die 111 214 mit der aus »modus«-Wagen gebildeten RB 34718 und einer weiteren 111 im Schlepp Würzburg Hbf. | *Foto: M: Dostal*

Frühling im Maintal: Zwei 111er fahren am 18. April 2010 im Sandwich mit einer Garnitur aus »modus«-Wagen als RE 4607 von Frankfurt/ Main Hbf nach Nürnberg Hbf, hier fotografiert aus den Weinbergen bei Himmelstadt. | *Foto: U. Miethe*

Am 12. Dezember 2009 wurde die 111 062 auf den Namen »Neuenburg am Rhein« getauft.
2010 gab es wieder einen Unfall, der die Ausmusterung einer 111 zur Folge hatte. Am 16. Juni stieß die 111 090 mit ihrem RE 14019 von Rheine nach Braunschweig gegen 23.30 Uhr in Peine mit mehreren Güterwagen zusammen. Sie zerstörte dabei eine Lärmschutzwand und stürzte samt den ersten beiden Doppelstockwagen in den Garten eines Wohnhauses. Dabei wurde sie so schwer beschädigt, dass sich eine Aufarbeitung nicht mehr lohnte. Sie wurde Anfang Dezember direkt vor Ort zerlegt und am 3. Dezember 2010 offiziell ausgemustert.

Ein weiterer Unfall ereignete sich am 7. September 2010 in Aachen Hbf. Nach einer Kollision bei einer Rangierfahrt mit der 362 390 nutzte die Bahn die dort beschädigte 111 154 nur noch als Ersatzteilspender in Köln-Deutzerfeld. Sie wurde am 15. Mai 2012 durch die Firma Bender Rohstoff-Recycling e. K. (Leverkusen-Opladen) in Köln-Deutzerfeld zerlegt und am 18. Mai 2012 aus dem Bestand gestrichen.

Am 1. Dezember 2010 brach in einem Schaltkasten der 111 131 ein Feuer aus. Der Lokführer bemerkte den Rauch und alarmierte die Feuerwehr. Der Zug wurde daraufhin in Rheine evakuiert und der Brand konnte schnell gelöscht werden. Die Lok wurde repariert und befand sich bei Redaktionsschluss noch im aktiven Betriebsbestand.

Im Frühjahr 2011 war Nürnberg immer noch die größte Einsatzstelle für die Baureihe 111. Von hier aus wurden 43 Maschinen in sieben Plänen benötigt. In Nürnberg waren dafür die 111 055 bis 057, 106, 107, 130, 166, 167, 171, 172, 174 bis 179, 182 bis 187 und 199 bis 227 beheimatet. Erwähnenswert ist der Plan 3, der den »Allersberg-Express« enthält. Hier waren ausschließlich die 111 055

Blick vom Zentralstellwerk Mf an der Hackerbrücke auf den Münchner Hauptbahnhof am 16. Juli 2011: Die 111 006 verlässt mit einer Doppelstockgarnitur am Haken die bayerische Landeshauptstadt auf der Fahrt als RE nach Nürnberg Hbf über Ingolstadt und Treuchtlingen. | *Foto: U. Miethe*

bis 057 mit LZB im Einsatz, weil dabei ein Teil der Schnellfahrstrecke Nürnberg – Ingolstadt befahren wurde.

Die 111 011 wurde Mitte Oktober 2011 in Aachen bei einer Flankenfahrt beschädigt. Beim Rangieren entgleiste die Lok an einer Gleissperre und rutschte einem stehenden Güterzug in die Flanke.

Im Winter 2011/2012 waren die Ludwigshafener 111 überwiegend einstöckigen RegionalBahn-Wagen als Verstärkerzüge zwischen Mannheim und Karlsruhe unterwegs.

Im Frühjahr 2012 mussten die ersten Exemplare der Baureihe 111 ihren Dienst quittieren, weil ihre Fristen abgelaufen waren und nicht mehr erneuert wurden. Dazu gehörte auch die 111 001, die von der Bahn als Museumsexponat ausgewählt worden war. Einen Tag vor ihrer Abstellung fuhr sie deshalb am 2. März 2012 aus eigener Kraft ins DB-Museum in Koblenz Lützel. Ihre letzten Einsätze hatte sie im Planbetrieb auf der Mittenwaldbahn sowie zwischen Ehrwald Zugspitzbahn und Reutte in Tirol. Nach der 111 001 erfolgte mit der Ausmusterung der 111 034 die Abstellung der ersten Serienmaschine. Wegen ihres schlechten Allgemeinzustands wurde sie am 15. April 2012 von einer Untersuchung zurückgestellt. Am 13. August 2012 wurde sie dann aus dem Bestand gestrichen.

Zur Biathlon-WM vom 29. Februar bis zum 11. März 2012 in Ruhpolding pendelte die 111 039 nur mit zwei Doppelstockwagen statt des sonst hier eingesetzten Triebwagens der Baureihe 425 zwischen Traunstein und Ruhpolding.

Auch nach dem offiziellen Ende der 111 im Nürnberger S-Bahndienst waren die Loks außerplanmäßig noch in diesen Diensten anzutreffen. So war am 7. Mai die 111 206 mit einem »x«-Wagenzug auf der S1 unterwegs.

Die 111 017 »Bahnland Bayern-Lok Maxl« bringt am Abend des 21. Mai 2011 den RE 4264 von München Hbf nach Nürnberg Hbf. Nach Verlassen des Bahnhofes Ergoldsbach fährt der Zug weiter nach Regensburg. | *Foto: U. Miethe*

Die 111 031 »Olympia München 2018« durchfährt mit dem RE 79015 von München Hbf nach Salzburg Hbf am 29. März 2011 in Teisendorf die vorfrühlingshafte Landschaft des Berchtesgadener Landes. | *Foto: U. Miethe*

Die 111 038 erklimmt am 22. Mai 2011 mit dem RE 59505 München Hbf – Mittenwald die Steigung zwischen Klais und Mittenwald im Bereich der Buckelwiesen. | *Foto: U. Miethe*

Endbahnhof Norden-Norddeich Mole: Am 23. Juli 2011 ist die 111 138 hier angekommen. Es besteht Anschluss an die Fähre zur Insel Norderney. | *Foto: M. Dostal*

Bei Schleißweiler in der Gemarkung Sulzbach an der Murr ist die 111 161 am 3. August 2008 mit dem RE 19919 von Stuttgart nach Nürnberg unterwegs. | *Foto: M. Dostal*

In den Buckelwiesen bei Klais schiebt am 22. Mai 2011 eine 111 die RB 59520 von Mittenwald nach München Hbf durch die eindrucksvolle Alpenlandschaft des Zugspitzgebietes zum nächsten Halt Klais. | *Foto: U. Miethe*

Für einen kurzen Zeitraum fuhren auf der Strecke von Ehrwald nach Reutte wieder lokbespannte Zweiwagenzüge. »Unwetterschäden bzw. Störungen und Einwirkungen von außen«, so die offizielle Begründung der Bahn, ließ eine 111er mit zwei »n«-Wagen im Zeitraum vom 9. Februar bis 5. März 2012 dort pendeln. Die Aufnahme der 111 002 entstand am 22. Februar 2012 auf ihrer Fahrt von Ehrwald nach Reutte vor der Kulisse des Zugspitzmassives. | *Foto: Ch. Kissel*

Am 27. Mai 2012 bespannte die 111 074 den IC 2013 von Stuttgart nach Ulm. Damit war wieder einmal eine 111 vor einem hochwertigen Reisezug unterwegs. Wegen einer Baustelle fuhr der Zug an diesem Tag nur bis Ulm, sodass auf die planmäßigen Dieselloks verzichtet werden konnte.
Auch im Sommer 2012 gab es Einsätze bei DB-Fernverkehr. Am 11. August wurden die EC-Züge EC 1289, EC 82, EC 89 und EC 84 zwischen München und Innsbruck baustellenbedingt mit 111 in Doppeltraktion bespannt, denn die Züge fuhren nur bis Innsbruck. Als Besonderheit für Fotografen fuhren die Züge mit den beiden Werbeloks 111 024 (ADAC) und 111 066 (Biergarten).

Anlässlich der BR-Radltour am 4. August 2012 waren 111 vor Sonderzüge aus Aschaffenburg

Mit der RegionalBahn RB 59517 nach Mittenwald wartet die »Biergarten«-Lok 111 066 am 27. Juni 2012 in München Hbf auf Abfahrt. Bemerkenswert ist die Kombination aus ein- und doppelstöckigen Wagen. | *Foto: M. Dostal*

und Bamberg nach Freilassing unterwegs. Die Züge bestanden aus Doppelstockwagen für die Radfahrer sowie mehreren Güterwagen für deren Räder. Zur Freude der Fotografen übernahmen die 111 024 (ADAC) von Bamberg und die 111 039 (DAV) von Aschaffenburg die Züge. Den Zug von München brachte die 111 066 (Biergarten) nach Freilassing.

Im November 2012 schieden mehrere 111 aus dem aktiven Bestand aus. So wurden in München die 111 068 und die schadhafte 111 038 abgestellt. Zudem gingen die 111 018, 032 und 033 nach Ludwigshafen. Die 111 073 wurde nach Braunschweig abgegeben.

In Nürnberg wurde 111 220 Anfang Dezember 2012 mit Erreichen der Kilometergrenze abgestellt. Zur gleichen Zeit wurden die 111 130, 167, 171, 172, 174, 175, 176, 179, 200, 204, 211 und 215 nach München umbeheimatet.

Der Planwechsel im Dezember 2012 brachte starke Einbrüche beim Einsatz der Baureihe 111 vom Werk Köln aus, denn auf der Linie RE 9 zwischen Aachen und Siegen waren jetzt die neuen Triebwagen der Baureihe 442 unterwegs. Damit verringerte sich der Planbedarf auf sechs Lokomotiven.

Im Frühjahr 2013 ging die 111 003 als zweite Maschine ihrer Baureihe in den Museumsbestand über. Sie kam als Dauerleihgabe zum Verein zur Erhaltung historischer Lokomotiven e. V. nach Euskirchen. Sie war nach der 218 128 die zweite Lok des Vereins. Am 23. Mai 2013 wurde sie offiziell aus dem Bestand der Deutschen Bahn gestrichen.

Weil immer mehr Maschinen der Baureihe 115 abgestellt werden mussten, sprangen zunehmend Loks der Baureihe 111 vor hochwertigen Fernverkehrszügen ein. So waren, wie am 3. Juni 2013 die 111 164, unterschiedliche 111 ab und zu vor IC-Zügen auf der Gäubahn unterwegs.

Von Anfang Mai bis Ende Oktober 2013 bespannten Ludwigshafener Lokomotiven den RE 38959/38958 »Radexpress Murgtäler«. Der Zug fuhr um 8.06 Uhr von Ludwigshafen über Heidelberg, Karlsruhe und Rastatt nach Freudenstadt,

Fahrzeugmangel zwang die DB dazu, im Jahr 2012 Reisezugwagen anzumieten und damit den Regionalverkehr im Raum Stuttgart aufrecht zu erhalten. Mit Wagen von »EuroExpress« fährt die 111 078 als RE 19956 am 16. Oktober 2012 durch Stuttgart-Bad Cannstatt. Am Schluss läuft eine Lok der Baureihe 143 mit. | *Foto: M. Dostal*

Die 111 107 verlässt den Bahnhof Laufach am 24. März 2012 mit einer Garnitur aus »modus«-Wagen auf der Fahrt als RB 58354 von Heigenbrücken nach Aschaffenburg. Rechts wartet die 151 141 auf Güterzug-Schiebeleistungen auf der Spessartrampe in Richtung Heigenbrücken. | *Foto: U. Miethe*

Auch im S-Bahn-Dienst im Großraum Nürnberg waren die Loks der Baureihe 111 tätig. So verlässt die 111 202 am 2. Februar 2012 mit einem aus »x«-Wagen gebildeten Zug nach Forchheim den Nürnberger Hauptbahnhof. | *Foto: M. Dostal*

Nach Frankfurt/Main ist am 23. März 2012 die 111 207 im Maintal unterwegs. Hinter der Lok läuft ein Wagen für Fahrräder und am Zugschluss eine weitere 111 mit. | *Foto: Th. Estler*

Am 15. Juli 2013 passiert die »Bahnland Bayern«-Lok 111 017 mit dem RE 79011 die ehemalige Blockstelle Hilperting. | *Foto: Dr. Ch. Schröfl*

Die 111 023 ist am 3. September 2013 bei München-Westkreuz mit der RB 59525 auf der Fahrt von München Hbf nach Garmisch-Partenkirchen. | *Foto: U. Miethe*

Die mit Werbung versehene 111 121 ist am 22. Juli 2013 mit der RegionalBahn RB 12190 (Frankfurt/Main – Koblenz) bei Trechtingshausen im Rheintal unterwegs. | *Foto: Z. Pillmann (Archiv Eisenbahnstiftung)*

wo er um 10.37 Uhr eintraf. Um 17.22 Uhr ging es wieder zurück und um 20.05 Uhr wurde Ludwigshafen erreicht. Der Zug setzte sich aus mehreren einstöckigen Regionalbahn- und Fahrradtramsportwagen zusammen.

Am 15. Juli 2013 geriet die in München Pasing abgestellte 111 006 in Brand. Weil die Feuerwehr erst löschen konnte, nachdem die Fahrleitung spannungslos geschaltet worden war, vergrößerte sich der Schaden und die Lok brannte fast vollständig aus. Nach einer Begutachtung wurde entschieden, die Lok nicht mehr aufzuarbeiten. Sie wurde am 6. August zurückgestellt und Mitte Oktober zur Verschrottung zur Thyssen-Dück Rohstoffhandel GmbH & Co. KG in München-Aubing gebracht.

DB Netz

Auch DB Netz hat eine 111 im Bestand. Zunächst sollte 2013 die 111 209 den Halter wechseln. Später gab DB Regio aber die 111 059 ab. Die Lok kam 2014 ins AW Dessau, wurde dort aufgearbeitet und bekam den gelben Anstrich für Dienstfahrzeuge. Rahmen und Kontrastflächen wurden grau. Die Maschine wurde mit der erforderlichen Messtechnik ausgestattet und die Führerräume bekamen Klimaanlagen. Die Linienzugbeeinflussung (LZB) CIR-ELKE-Ausstattung waren bei der 111 059 bereits vorhanden. Die Lok wurde Ende 2019 einer neuen Hauptuntersuchung IS 930 unterzogen und ist überwiegend mit dem Messzug »RailLab 3« auf den elektrifizierten Strecken in ganz Deutschland unterwegs.

In Hennef (Sieg) entstand am 8. Juli 2013 die Aufnahme der 111 129. | *Foto: Dr. B. Domagalski*

Zum Fahrplanwechsel im Winter 2013 ging das Rosenheimer E-Netz von DB Regio als Betreiber an die Bayerische Oberlandbahn GmbH (BOB), die nun Züge unter dem Namen »Meridian« auf diesem Netz anbot. Das Unternehmen entschloss sich, dafür Triebwagen vom Typ »Stadler Flirt 3« zu beschaffen. Allerdings stand zum Betriebsstart von den 35 neuen Fahrzeugen nur etwa ein Drittel zur Verfügung, sodass für die zu erbringenden Leistungen auf Ersatzfahrzeuge zurückgegriffen werden musste. Dafür stellte DB Regio drei Ersatzzüge, die aus Lokomotiven der Baureihe 111 und jeweils sechs einstöckige RegionalBahn-Wagen bestanden. Die Züge auf der Strecke zwischen München und Salzburg waren vorn und hinten mit je einer Lok bespannt. Eine Lok diente als Reserve. Während die 111 005, 036, 043, 046, 049 und 051 »Meridian«-Aufkleber bekamen, war die 111 021 weiterhin mit DB-Logos unterwegs. Nachdem genügend neue Triebwagen zur Verfügung standen, gingen die 111 samt Wagen an DB Regio zurück.

Der RE 4065 Passau Hbf – München Hbf ist am 16.März 2013 aus einer modernen Doppelstock-Wendezuggarnitur gebildet, wird aber von zwei Lokomotiven der Baureihe 111 im Sandwich gefahren. In Richtung München zieht die 111 225, am Zugende unsichtbar schiebt die 111 208, hier bei der Ausfahrt aus dem Bahnhof Freising. Rechts steht ein 423 der S-Bahn München GmbH abfahrbereit als S 1 nach München Ostbahnhof. | *Foto: U. Miethe*

Auf Grund noch nicht gelieferter FIRT-Triebwagen war am 24. Dezember 2013 eine Sandwich-Garnitur mit 111 021 und 111 036 als M (Meridian) 79009 bei Haus (zwischen Ostermünchen und Großkarolinenfeld) unterwegs; im Hintergrund der Weiler Hilperting. | *Foto: Dr. Ch. Schröf*

Ende 2013 wechselten die Münchner 111 166, 167, 174, 176 und 211 nach Stuttgart, die 111 204, 210 und 215 gingen nach Braunschweig.

Am 5. April 2014 wurde die 111 001 in einer kleinen Feier im DB-Museum der Öffentlichkeit präsentiert. Sie ist nun wieder im originalen ozeanblau/beigefarbenen Anstrich unterwegs und wird vom Museum zu Sonder- und Dienstfahrten genutzt. So überführte sie am 13. Mai 2014 die in Lichtenfels abgestellte E 52 34 (EP 5 21534) und die 78 510 ins DB-Museum nach Nürnberg. Allerdings sind beim Neuanstrich die seitlichen Loknummern nicht wie beim Originalanstrich im beigefarbenen Bereich gelandet, sondern tiefer im ozeanblauen Bereich. Auch im Sommer 2014 wurden die »Radlzüge« des Bayerischen Rund-

Der ADAC nutzte die 111 024 als Werbelok und gestaltetete sie mit einem roten und einem gelben Ende. Am 17. Oktober 2014 steht sie mit dem RE 59495 nach Mittenwald in München Hbf. | *Foto: M. Dostal*

Meridian-Ersatzverkehr mit 111 019 und 111 005 als M 79021 von München nach Salzburg bei der Durchfahrt des Bahnhofes Aßling (Oberbayern). | *Foto: U. Miethe*

funks wieder mit der Baureihe 111 bespannt. Dazu standen diesmal die beiden Werbeloks 111 017 (Bahnland Bayern) und 039 (DAV) zur Verfügung. Die Sonderzüge von Nürnberg (111 039) und Würzburg (111 017) fuhren nach Kufstein. Sie waren aus vier oder fünf Doppelstockwagen und mehreren zweiachsigen Schiebewandwagen der Bauart Hbbills für die Fahrräder gebildet.

Zum Planwechsel 2014/2015 standen noch 196 Exemplare der Baureihe 111 in Diensten von DB Regio. Allerdings waren 111 033, 051, 062, 069, 074, 099, 101, 102, 117 und 211 bereits abgestellt. Die Loks waren in Braunschweig, Dortmund Bbf, Frankfurt-Griesheim, Freiburg, Köln-Deutzerfeld, Ludwigshafen, München Hbf, Nürnberg West und Stuttgart beheimatet.

Mit einem RegionalExpress nach Augsburg macht sich die »Alpenverein«-Lok 111 039 am 31. Oktober 2014 in Nürnberg auf den Weg. | *Foto: Th. Estler*

Die in Köln bzw. Dortmund beheimateten Maschinen waren vor allem im Nahverkehr im Ruhrgebiet unterwegs, so auf den Linien RE 1 »NRW- Express« (Paderborn – Aachen), RE 4 »Wupper-Express« (Dortmund – Aachen), RE 7 »Rhein-Münsterland-Express« (Rheine – Krefeld) RE 8 »Rhein- -Erft-Express« (Mönchengladbach – Koblenz) und RE 9 »Rhein-Sieg-Express« (Aachen – Siegen).

Freiburger Loks waren überwiegend auf der Rheintalbahn zwischen Basel und Offenburg unterwegs.

Im Raum Braunschweig waren die Loks vor allem vor Regionalzügen auf den Linien RE 15 zwischen Emden und Münster (Westfalen), RE 60 zwischen Braunschweig und Rheine sowie auf der Linie RE 70 zwischen Braunschweig und Bielefeld zu finden.

Die Loks aus Frankfurt/Main waren zwischen Frankfurt/Main und Mannheim bzw. Heidelberg im Einsatz. Außerdem waren sie fallweise in den Plänen der Baureihen 114 und 146 unterwegs. Von Ludwigshafen aus wurden Mannheim, Heidelberg, Karlsruhe und Stuttgart erreicht.

Schwerpunkt der Einsätze in München lag auf der Linie nach Augsburg – Treuchtlingen – Nürnberg – Regensburg und wieder zurück nach München. Außerdem erreichten die Maschinen abermals Freilassing.

Die Stuttgarter Maschinen gelangten nach Aalen, Crailsheim, Heilbronn, Mannheim, Mosbach-Neckarelz, Nürnberg, Osterburken, Schwäbisch Hall-Hessental, Ulm sowie Würzburg.

Am 7. Januar 2015 brach ein Feuer im Maschinenraum der 111 102 aus. Der Lokführer rief die Feuerwehr und Mitarbeiter kuppelten die Reisezugwagen von der Lok ab. Die Löscharbeiten konnten erst nach dem Abschalten der Oberleitung beginnen und nach etwa 30 Minuten war das Feuer unter Kontrolle. Die Lok wurde im März 2015

Beim Tag der Offenen Tür am 30. August 2014 im Ausbesserungswerk Dessau wird gerade die 111 111 aufgearbeitet. Aufgebockt auf Hilfslaufwerken wartet die Maschine auf ihre Drehgestelle.
| *Foto: Dr. Ch. Schröfl*

von ihrer nächsten Untersuchung zurückgestellt und Ende März 2017 aus dem Bestand gestrichen. Die 111 190 geriet am 17. März in Hanau in Brand. Die Lok stand ab 18. März zunächst einige Zeit in Frankfurt-Griesheim, wurde dann aber doch repariert. Sie befand sich auch 2024 noch im Einsatz. Einen besonderen Einsatz hatte die Münchner 111 057 am 30. Juni 2015. Wegen eines Defekts an der 1116 203 brachte sie den RailJet RJ 67 von München nach Salzburg.
Auch im Sommer 2015 nutzte DB Fernverkehr die Baureihe 111 vor den IC-Zügen auf der Gäu-

In der Nähe von Schwabach zieht die 111 164 am 1. März 2014 einen aus sechs RegionalBahn-Wagen bestehenden Zug in Richtung Treuchtlingen. | *Foto: Th. Estler*

Mit ihrem RegionalExpress aus Ulm fährt die 111 162 am 1. August 2014 am Rangierbahnhof von Stuttgart-Untertürkheim vorbei. Auf diesem Gelände entsteht im Rahmen des Projekts »Stuttgart 21« ein neuer Abstellbahnhof für Reisezüge. | *Foto: M. Dostal*

Die 111 171 kommt mit dem Spessart-Pendel RB 58364 von Heigenbrücken nach Aschaffenburg die Spessartrampe herunter gefahren und erreicht Laufach. Hinter dem Zug die Petruskirche Laufach. Das moderne Gebäude im Hintergrund ist die Thomas-Morus-Kirche. | *Foto: U. Miethe*

bahn zwischen Stuttgart und Singen. So waren die 111 043 am 17. Juli vor IC 282 und die 111 166 am 16. August vor IC 281 unterwegs.
Zum Winterfahrplan 2015/16 übernahm die Westfalenbahn den Betrieb auf dem EMIL-Netz mit den Linien RE 15 »Emsland-Express« (Münster – Emden) sowie RE 60/70 »Mittelland-Express« (Rheine/Bielefeld – Braunschweig). Dazu beschaffte sie von Stadler neue Triebwagen vom Typ »Flirt« und »Kiss«. Außerdem ging die Linie RE 7 »Rhein-Münsterland-Express« (Rheine – Münster – Köln – Krefeld) an National Express Rail/IntEgro über. Auf der anderen Seite verloren dadurch die 111 vom Werk Braunschweig ihr Aufgabengebiet. Deshalb wurde der dortige Bestand weitgehend aufgelöst und die Loks wurden nach Dortmund, Stuttgart und Ludwigshafen umgesetzt. Die 111 141 und 142 aus Braunschweig wurden in Bremen als Notreserve bereitgestellt. Lediglich die 111 210 und 215 wurden Ende Dezember noch im Bestand des Werks Braunschweig geführt.

Zur gleichen Zeit gab der Betriebshof Köln-Deutzerfeld die Unterhaltung der Elektroloks und elektrischen Triebwagen ganz auf. Als neue Heimat für die Baureihe 111 kam Ulm hinzu. Zum Planwechsel wurden die 111 141 und 142 nach

Die 111 177 fährt mit dem Radlzug RE 58332 von Bamberg nach Aschaffenburg aus Schweinfurt Hbf aus. Links wartet die 111 184 auf ihren nächsten Einsatz. | *U. Miethe*

Richtung Nürnberg ist die 111 179 unterwegs, als sie am 1. März 2014 in Schwabach einen Zwischenstopp einlegt. | *Foto: Th. Estler*

Die 111 217 schiebt den Spessart-Pendel RB 58349 Aschaffenburg – Heigenbrücken in Richtung Spessartrampe. Hier überquert sie hinter Hösbach die Autobahn A3 auf einer modernen Stahlbogenbrücke. | *Foto: U. Miethe*

Die 111 017 durchfährt am 6. Juni 2015 den 633 Meter langen Tunnel Esslingerberg bei Solnhofen im Altmühltal mit der RB 59156 auf der Fahrt von München nach Nürnberg. | *Foto: U. Miethe*

Die 111 028 ist am 4. Juli 2015 bei Wuppertal-Unterbarmen auf der RegionalExpress-Linie RE 7 nach Rheine unterwegs. | *Foto: Th. Estler*

Bremen umbeheimatet. Sie bekamen dort aber keinen Umlauf mehr, sondern dienten nur als Reserveloks bei Ausfall einer Maschine der Baureihe 146. Es zeigte sich bald, dass eine Lokomotive als Reserve ausreichte. Deshalb ging die 111 142 Ende Juli 2016 nach Ludwigshafen.

Mitte Januar 2016 pendelte die in Nürnberg beheimatet 111 185 mit Sonderzügen zum Biathlon-Weltcup zwischen Traunstein und Ruhpolding. Im Dezember 2016 kam die Ende Oktober zurückgestellte 111 208 zu Heizlokehren. Dazu wurde sie in Würzburg Hbf auf dem Gleis 400 am Nordende des Bahnhofs aufgestellt.
Auch zum Jahreswechsel 2016/2017 stand in Bremen die 111 141 noch als Reservelok zur Ver-

fügung. Im November 2017 lief allerdings die Frist für die Maschine aus. Sie wurde nicht mehr aufgearbeitet, sondern abgestellt. Im März 2020 wurde sie dann ins DB Stillstandsmanagement nach Leipzig-Engelsdorf gebracht. Von dort ging es im März 2020 zur Firma Bender Rohstoff-Recycling e. K. in Leverkusen-Opladen zur Verschrottung.

Die 111 086, 094, 100, 104, 108, 194 und 209 bekamen zum Planwechsel noch einmal einen viertägigen Umlauf, der sie nach Mannheim und Heidelberg brachte.

In Stuttgart begann der Einsatz der neuen Baureihe 147. Dadurch verloren die 111 dort zahlreiche Leistungen. Aus diesem Grund wurden die Stuttgarter 111 047, 058, 073, 074, 091 und 092 schon Mitte Dezember 2016 nach Ulm umgesetzt. Anfang Januar 2017 gingen die 111 125 und 126 nach Dortmund. Planmäßig liefen die Stuttgarter und Ulmer Loks noch im Regionalverkehr nach Aalen, Nürnberg, Singen, Tübingen, Ulm und Würzburg.

Im Frühjahr 2017 war die 111 044 anlässlich des Biathlonweltcups in Ruhpolding mit Sonderzügen zwischen Traunstein und Ruhpolding im Einsatz.

Zum Abschluss des 36. Evangelischen Kirchentags vom 24. bis 28. Mai 2017 in Berlin und Lutherstadt Wittenberg waren am 28. Mai 111 018, 093, 121 und 147 mit Sonderzügen zwischen Lutherstadt Wittenberg und Dresden unterwegs.

Im Sommer 2017 ging die Zeit der Baureihe 111 in Freiburg/Breisgau zu Ende. Die Bahn überführte daraufhin die 111 064 zum DB Stillstandsmanagement nach Hamm. Die 111 060, 061 und 062 waren bereits seit Anfang Juni leihweise in Stuttgart im Einsatz. 111 054 wurde am Mitte Juli mit dem PbZ 2470 nach Dortmund geschleppt. Die 111 061 und 062 wechselten schließlich am Ende Juli nach Dortmund.

Zum Winterfahrplan 2017/18 gingen bei DB Regio verstärkt die neuen doppelstöckigen »Twindexx«-Triebwagen der Baureihe 445 und 446 in Betrieb, was zu einer verstärken Abstellung der Baureihe 111 führte. Allerdings gab es anfangs noch Schwierigkeiten mit den Triebwagen, sodass häufig 111 in den Plänen zu finden waren.

Anfang 2018 wurden die 111 noch einmal im S-Bahn-Dienst im Großraum Nürnberg benötigt. Weil dort die Triebwagen der Baureihe 442 noch nicht voll einsatzfähig waren, halfen 111 auf der S 1 zwischen Nürnberg und Erlangen aus. Allerdings wurden nun keine »x«-Wagen mehr eingesetzt, sondern die Wendezüge bestanden aus Doppelstockwagen.

Köln-Deutz ist der letzte Zwischenhalt für die 111 119, die am 6. Juni 2015 ihren RegionalExpress nach Köln Hbf schiebt. | *Foto: Dr. B. Domagalski*

Nachdem die 103 245 abgestellt worden war, war immer wieder eine Münchner 111 für DB Fernverkehr unterwegs. So war am 7. und 8. April 2018 die 111 201 vor den IC 1281/1284 »Großglockner« zwischen München und Wörgl anzutreffen.

Im Frühjahr 2018 nutzte DB Systemtechnik die Münchner 111 066 für Messfahrten zwischen Mannheim und Freiburg/Breisgau.

Im April 2018 übernahm die 111 103 den stationären Heizdienst in Würzburg von der 111 208, die wegen Problemen an der Batterie nicht mehr

Mit einem TEE-Zug der AKE-Eisenbahntouristik hat die 111 120 am 29. April 2015 eine ganz besondere Last am Haken. Die Aufnahme entstand bei der Durchfahrt durch Rüdesheim. | *Foto: Dr. B. Domagalski*

genutzt werden konnte. Die 111 208 kam zunächst ins DB Stillstandsmanagement in Hamm und wurde an im März 2019 bei der Firma Bender Rohstoff-Recycling e. K. in Leverkusen-Opladen zerlegt.

Im Sommer 2018 war der Betrieb mit den neuen elektrischen Regionaltriebwagen so stabil, dass nun zahlreiche 111 aus mehreren Werken ihren Dienst quittieren mussten.

Im Herbst 2018 waren mehrere 111 vor Zügen privater Anbieter anzutreffen. So kamen beispielsweise 111 037 und 111 169 vor Zügen der Euro-Express Sonderzuge GmbH & Co. KG zum Einsatz. Die 111 115 und 126 waren Ende September und im Oktober vor Sonderzügen der Centralbahn GmbH unterwegs. Zum Planwechsel 2018/19 war der Bestand an Loks der Baureihe 111 deutlich zurückgegangen. Es waren nur noch 149 Exemplare aktiv.

An einigen Tagen im Dezember 2018 war 111 159 auf der National-Express-Linie RB 48 als Ersatz für eine TRI-Garnitur im Einsatz. Der Zug bestand aus vier Doppelstockwagen von DB Regio.

Zur gleichen Zeit kamen die 111 auf die Werdenfelsbahn zwischen München und Garmisch-Partenkirchen zurück, denn die bisher dort eingesetzten Triebwagen der Baureihe 442 wurde anderweitig benötigt. Allerdings waren inzwischen die Leistungen auf der Ringlinie München – Nürnberg – Regensburg – München auf die Baureihe 445 übergegangen, sodass die 111 nur noch für Verstärkerfahrten u.a. auf der Mittenwaldbahn, nach

Augsburg sowie nach Passau genutzt wurden. Zudem gab es Reserveloks, die bei einem Ausfall anderer Baureihen einspringen konnten. So stand eine 111 mit einem Doppelstockzug ständig einsatzbereit in München Hbf.

Die Dortmunder Loks erbrachten im Frühjahr 2019 außer den Planleistungen auf den Linien RE 1, RE 4 und RE 9 noch einige Sonderleistungen, wie beispielsweise Fußballsonderzüge oder aus »x«-Wagen gebildete der S-Bahnverkehre. Dazu standen dem Werk noch etwa 50 Maschinen zur Verfügung, von denen aber knapp 20 abgestellt waren.

Im Juni 2019 ging die RegionalBahn-Linie zwischen Stuttgart und Aalen an die Go-Ahead Verkehrsgesellschaft (seit 1. Februar 2024: Arverio) über, die seither dort eigene Triebwagen vom Stadlertyp »Flirt« einsetzt. Die bisher verkehrenden 111 wurde dadurch arbeitslos. Dazu übernahmen Loks der Baureihe 147 weitere Leistungen von den 111. Im Sommer 2019 waren in Stuttgart und Ulm noch folgende 111 beheimatet: 111 019, 021, 025, 029, 043, 046, 049, 050, 058, 060, 073, 074, 075, 076, 079, 080, 087, 091, 092, 110, 120, 131, 132, 137, 138, 139, 163, 168, 189.

Mit nur drei Wagen ist die RB 69527 recht kurz, die die 111 212 am 30. September 2015 bei Asperg in Richtung Stuttgart befördert. | *Foto: M. Dostal*

In Bremen waren Mitte Juli 2019 gleich vier 111 anzutreffen. Denn außer den abgestellten 111 133 und 141 sowie der Reservelok 111 209 befand sich auch die Münchner 111 065 leihweise im Norden. Sie sollte zwar bis Ende August nach München

Frühling in Niederbayern: In Vilshofen an der Donau überquert am 14. April 2013 ein moderner Doppelstockzug auf der Fahrt von München nach Passau die Vils, die hier in die Donau mündet. | *Foto: U. Miethe*

zurückkehren, war aber im März 2020 noch immer zwischen Osnabrück, Bremen und Bremerhaven anzutreffen. Anfang April wurde sie dann nach Dortmund abgegeben.

Zum Jahreswechsel 2019/2020 waren in Dortmund noch die 111 011, 012, 054, 061, 062, 093, 095, 111, 112, 113, 115, 118, 121, 122, 125, 126, 127, 143, 149, 150, 158, 169, 191 und 197 aktiv. Der Betriebshof Frankfurt/Main nutzte seine wenigen 111 nur noch für Reserve- und Sonderaufgaben.

Auch in Ludwigshafen endete 2020 der Planeinsatz der Baureihe 111. Allerdings wurde der im Sommer verkehrende »Nationalpark-Express« (RE 38959/38958) zwischen Ludwigshafen und Freudenstadt noch mit einer 111 bespannt. Deshalb kam die 111 189 aus Frankfurt/Main nach Ludwigshafen.

München hatte zum Planwechsel 2019/2020 noch etwas über zwanzig 111 im Einsatz. Sie waren nach Mittenwald, Passau, Dinkelscherben sowie in Richtung Landshut, Augsburg und Ingolstadt unterwegs. Auf der Werdenfelsbahn nach Garmisch-Partenkirchen und Mittenwald fuhr Montag bis Freitag ein Zug mit zwei 111 als Sandwich. Auch die Sonderzüge zum Biathlon-Weltcup in Ruhpolding wurden wieder mit 111 bespannt. Außerdem wurde eine Lok mit einer Doppelstock-Garnitur im Münchner Hauptbahnhof als Reserve vorgehalten.

Um nicht oder nur wenig genutzte Lokomotiven auch anderen Bahngesellschaften zur Verfügung stellen zu können, richtete die DB Regio einen Mietpool ein. In diesem waren bisher überwiegend Lokomotiven der Baureihe 143 zu finden, die von Halle/Saale aus disponiert wurden. 2020 gingen nun auch Loks der Baureihe 111 in diesen Pool über. So standen die 111 021, 060, 067, 074, 168, 174 und 212 Mietern zur Verfügung. Die Loks bekamen die Aufschrift »Miete oder kaufe mich« und »db-gebrauchtzug.de« auf den Seitenwänden. Zur Freude von Eisenbahnfans wurde einige Maschi-

Kopf-an-Kopf-Rennen der 111 046 mit dem S-Bahn-Triebzug 430 541 am Abend des 13. April 2016 bei Fellbach. Während die 111 mit dem RE 19470 ihren nächsten Halt in Stuttgart-Bad Cannstatt hat, muss die S-Bahn schon in Stuttgart-Sommerrain stoppen. | *Foto: M. Dostal*

nen auch wieder in den Farben der ehemaligen Deutschen Bundesbahn lackiert. So verließ die 111 174 das Werk Dessau im Sommer 2020 im ozeanblau/beigefarbenen Anstrich.

In Nürnberg umfasste der Bestand zum Planwechsel 2019/2020 noch die 111 103, 123, 130, 148, 186, 187, 190, 193, 214, 217. Sie wurden vor Verstärkerzügen und für eine S-Bahnleistung auf der S 1 Schülerverkehr genutzt. Der S-Bahn-Einsatz endete im Sommer 2020.

In Südwestdeutschland machte die Übernahme mehrerer Nahverkehrslinien durch Go-Ahead (seit 1. Februar 2024: Arverio) den 111 das Leben schwer. Weitere Regio-Leistungen wurden von den Baureihen 146 und 147 gefahren. So verblieben den Stuttgarter bzw. Ulmer Maschinen nur noch Einsätze zwischen Stuttgart und Tübingen

sowie als Ersatz- und Reserveloks. Beispielsweise liefen im Winter 2019/2020 die 111 043 und 168 im Ersatzverkehr zwischen Stuttgart und Nürnberg. Zum Planwechsel 2020/2021 übernahm der von der National Express Rail GmbH betriebene »Rhein-Ruhr-Express« (RRX) den Betrieb auf der Linie RE 4 zwischen Aachen, Mönchengladbach, Neuss, Düsseldorf, Wuppertal, Hagen und Dortmund. Somit wurden die dort verkehrenden 111 vom Werk Dortmund arbeitslos.

In Frankfurt/Main standen Ende 2020 und Anfang 2021 die 111 100, 108, 189 und 194 als Reserveloks bereit. Die schon länger abgestellten 111 086 und 094 wurden Mitte Januar 2021 ausgemustert. Im Sommer wurde eine Lok nach Ludwigshafen verliehen, wo sie zur Bespannung des »Nationalpark-Express« (Murgtäler Radexpress) genutzt wurde.

Die 111 123 bekam zum 500-jährigen Jubiläum des Reinheitsgebotes des bayerischen Bieres eine Sonderbeklebung. Vor dem RE 4879 (München – Mittenwald) ist sie am 6. Juni 2016 bei Wilzhofen unterwegs. | *Foto: St. v. Lossow (Archiv Eisenbahnstiftung)*

Am 15. Februar 2017 brachte die 111 070 den RE 19034 über die Gäubahn nach Stuttgart Hbf; hier die Ausfahrt aus Böblingen. | *Foto: M. Dostal*

In München gab es Anfang 2021 noch die einsatzbereiten 111 022, 023, 024, 027, 031, 035, 053, 055, 058, 065, 066, 073, 076, 087, 091, 092, 110, 159, 163, 177, 181, 183, 188, 201 und 227. Außer Leistungen nach Memmingen fuhren die Loks auch zwischen München, Ingolstadt, Dinkelscherben und Donauwörth. Auch Garmisch-Partenkirchen wurde noch planmäßig erreicht.

Die 111 177 diente im Sommer 2021 in Lindau als Schulungslok für Lokführer. Am 25. Oktober wurde sie durch 146 202 ersetzt und ging wieder nach München zurück. Mit 111 022 und 177 kamen Anfang 2021 abermals zwei 111 als Schulungsloks nach Lindau. Sie wurden von dort aus auch nach Österreich eingesetzt.

In Nürnberg waren nur noch zwei Maschinen planmäßig unterwegs. Sie fuhren nach Würzburg und Bamberg. Ab März 2021 stand wieder der Verstärkerzug auf der S 1 zwischen Hersbruck und Nürnberg im Schülerverkehr auf dem Programm.

Auch Stuttgart und Ulm stellte für seine 111 keinen regulären Umlaufplan mehr auf. Die 111 021 in Stuttgart sowie die 111 131 und 169 in Ulm dienten als Reserve und wurden nur sporadisch eingesetzt. Am 18. Juni 2021 war die 111 169 als Ersatzzug für einen 440 mit vier Doppelstockwagen zwischen Stuttgart im Crailsheim im Einsatz. In Stuttgart schuf die Bahn einen Reservelokpool in dem mehrere 111 vorgehalten werden sollten. Im Sommer 2021 sanierte die Stuttgarter S-Bahn ihre Stammstrecke zwischen Hauptbahnhof und Stuttgart-Vaihingen. Als Ersatz kam eine Doppelstock-Wendezugeinheit mit einer 111 zum Einsatz, die Stuttgart-Vaihingen über die »Panoramabahn« mit dem Hauptbahnhof verband.

2021 wurde der 111-Bestand im Mietpool weiter vergrößert. So waren hier nun 111 060, 067, 074, 111, 118, 121, 158, 168, 174 und 212 zu finden. Besondere Überraschung war dabei die 111 111, die im April 2021 in ihrem grau/orangefarbenen S-Bahn-Anstrich in den Pool kam. Anfang 2022 wurde die 111 074 zu einem weiteren interessanten Farbtupfer im Mietpool. Die Lok bekam einen blau/grün/gelben Anstrich, wie ihn früher die Lokomotiven für den Touristik-Zug getragen haben. 111 095 gehört ebenfalls zum Mietpool, war aber

Mit nur zwei Doppelstockwagen hat die Dortmunder 111 116 116 am Abend des 5. Juni 2017 bei Verden/Aller keine große Mühe.
| *Foto: Th. Estler*

Mit einem Leerreisezug aus zehn »n«-Wagen sowie 111 135 und 111 060 im Schlepp ist die 111 132 am 17. Juni 2017 bei Gingen/Fils in Richtung Süden unterwegs.
| *Foto: R. Meier*

Plochingen ist am 14. September 2019 Zwischenstation der 111 076 auf ihrem Weg nach Stuttgart. Wie viele in Baden-Württemberg beheimatete 111 trägt sie den typischen »bwegt«-Aufkleber, der für den Nahverkehr in diesem Bundesland wirbt.
| *Foto: M. Dostal*

nicht betriebsfähig. Die 111 121 und 137 kamen 2022 in den Mietpool. Die dritte außergewöhnliche Farbgebung bekam 111 212, die im Februar 2022 nach einer Untersuchung mit einer rot/beigefarbenen TEE-Lackierung in den Pool zurückkehrte. Eine weitere Farbvariante, die der Lufthansa-111 vertritt seit Mitte 2023 die 111 095. Sie ist seither im gelb/grauen Anstrich unterwegs.

Dortmund hatte Anfang 2022 mit 111 011, 121, 143, 191 und 197 noch fünf aktive Maschinen der Baureihe 111 im Bestand. Sie dienten als Reserveloks für Züge auf den RegionalBahnlinien RE 2 zwischen Münster/Westfalen und Dortmund und RE 9 (Rhein-Sieg-Express, RSX) zwischen Aachen und Siegen. Im Januar 2022 kamen die Münchener 111 100 und 194 hinzu. Sie wurden für den Ersatzverkehr auf der Linie RE 11 zwischen Essen und Kassel benötigt, fuhren aber bereits Anfang März aber wieder nach München zurück.

Auch in München mussten die 111 zahlreiche Sonder- und Ersatzleistungen erbringen unter anderem für die sehr störanfälligen München-Nürnberg-Express-Einheiten mit den Škodaloks der Baureihe 102. Außerdem gab es noch Umlaufpläne, die Loks nach Augsburg, Donauwörth und Passau brachten.
Auch nach Garmisch-Partenkirchen waren noch 111 unterwegs.

Zwischen Stuttgart und Heilbronn verläuft die Bahnlinie oft durch Weinberge und entlang des Neckars. Einen schönen Blick bietet dieses Motiv bei Nordheim, dass am 23. Mai 2019 von der 111 168 passiert wird. | *Foto: Th. Estler*

Ulm standen zum Jahreswechsel 2021/2022 die 111 012, 125, 131, 132 und 169 als Reserveloks zur Verfügung. Sie wurden unter anderem auf der Linie RE 5 zwischen Stuttgart und Lindau genutzt, wenn dort eine 146 ausfiel. Hinzu kamen noch die abgestellten 111 137 und 139. Am 3. April 2022 reaktivierte man die 111 139, die am 10. April den »Radlexpress Bodensee II« bespannte.

Ab 21. Februar 2022 stand die TEE-farbene 111 212 einige Zeit in Diensten von DB Systemtechnik. Sie war von Minden aus zwei Monate mit einem GSMR-Messzug in ganz Deutschland unterwegs.

Am 3. Juni 2022 ereigneten sich bei Garmisch-Partenkirchen ein schweres Zugunglück.
An diesem Tag bestand die RB 59458 aus einer Doppelstock-Wendezuggarnitur mit fünf Wagen,

Die 111 131 und die 143 092 sind am 10. August 2020 in Ulm Hbf als Reserveloks hinterstellt. | *Foto: M. Dostal*

die mit 111 035 bespannt war. Wegen defekter Betonschwellen entgleiste der Zug gegen 12.15 Uhr in einer Kurve bei Burgrain. Dabei stürzten drei Mittelwagen eine Böschung hinunter, die übrigen Fahrzeuge blieben beschädigt auf dem Bahndamm stehen. Dabei starben fünf Menschen, über 40 Reisende wurden schwer und zahlreiche weitere Personen leicht verletzt. Der Streckenabschnitt war erst kurz zuvor neu geschottert worden und war schon einige Zeit wieder in Betrieb, bevor es zu dem Unfall kam. Ermittlungen ergaben, dass beschädigte Betonschwellen zu einer Veränderung an den Schienen bzw. an der Spurweite führten, die die Entgleisung verursachte. Der Streckenabschnitt zwischen Garmisch-Partenkirchen und Oberau blieb bis zum 16. November 2022 gesperrt.

Anfang März 2022 begann zum letzten Mal die Bespannung des Murgtäler Radexpress mit einer Lok der Baureihe 111. Frankfurt/Main schickte dafür ihr letztes aktives Exemplar, die 111 189. Der Zug bestand wie üblich wieder aus einstöckigen RegionalBahn-Wagen der Bauart »n« sowie mehreren Fahrradwagen.

Zum Fahrplanwechsel im Winter 2022/2023 übernahm GoAhead Bayern (seit 1. Februar 2024: Arverio) den »Fugger-Express« von DB Regio. Deshalb gab es am 3. Dezember 2022 einen Abschiedszug für die Mitarbeiter von DB Regio. Die 111 227 und ein Zug aus Doppelstockwagen wurden passend beklebt und waren als RE-D 59672 zwischen München und Aalen und zurück eingesetzt.

Ebenfalls zum Planwechsel verlor DB Regio bzw. die Südostbayernbahn den Betrieb zwischen Traunstein und Ruhpolding, der an die Bayerische Regiobahn (BRB) ging. Zu diesem Abschied organisierte die DB einen Abschiedszug mit der 111 212 aus zwei Doppelstockwagen, darunter der blaue Bayernbahn-Wendezugwagen. Der Zug war zwischen Freilassing, Traunstein, Ruhpolding und Kufstein unterwegs. Anfang 2023 gab es mit den

Die 111 059 der DB Netz AG – Instandsetzung/Maschinenpool eilt mit einem Gleismesszug als NbZ 94311 am 11. März 2021 auf der Heimfahrt nach Minden durch Wuppertal-Sonnborn. | *Foto: W. Bügel (Archiv Eisenbahnstiftung)*

111 022, 027, 053, 055, 058, 062, 073, 076, 087, 091, 092, 100, 110, 114, 115, 123, 127, 159, 163, 177, 181, 183, 186, 194, 201 und 214 noch 26 aktive Maschinen in München. Allerdings mussten bis Mai die 111 085, 087, 177, 181 und 214 abgestellt werden. In den Umlaufplänen liefen aber nur noch acht Exemplare, der Rest war Reserve. Zwei Umlauftage führten die Loks wieder auf die Mittenwaldbahn.

Während der Sommerferien in Baden-Württemberg vom 29. Juli bis 8. September 2023 war, wie auch schon in den Jahren zuvor, die S-Bahn-Stammstrecke der zwischen Hauptbahnhof (tief) und Vaihingen gesperrt. Die S-Bahn organisierte einen Ersatzverkehr über die »Panoramabahn«. Einmal in der Stunde war eine Garnitur mit einer 111 und TRI-»n«-Wagen unterwegs. Zunächst fuhr die S-Bahn-farbige 111 111 in diesem Umlauf. Später waren dann auch die verkehrsroten 111 093, 189 und 191 unterwegs. Auch in den Sommerferien 2024 kam es wieder zu dieser Streckensperrung. Diesmal übernahm 111 096 mit fünf Doppelstockwagen aus dem Mietpool diese Aufgabe.

Am 24. Juli 2022 bringt die 111 074 den Fahrradzug von Mannheim auf der Murgtalbahn nach Freudenstadt. Hier überquert sie die Tennetschlucht in der Nähe von Forbach. | *Foto: Ch. Kissel*

Die 111 003 ist mit dem RE 11026 am 20. Juni 2005 bei Haspelmoor unterwegs. Die Lok ist eine der Wenigen, die im Werk Cottbus schmalere Kontrastflächen bekommen hat. Später wurden die Flächen auf die übliche Breite gebracht.
| *Foto: Stefan von Lossow (Archiv Eisenbahnstiftung)*

Die 111 191 war am 18. Juli 2022 im Triebwagen-Ersatzverkehr zwischen Bretten und Bruchsal im Einsatz. Hier fährt sie mit der RegionalBahn RB 88257 in Bretten ein.
| *Foto: M. Dostal*

Im Herbst 2023 hatte sich die Situation beim Einsatz der Baureihe 146 in Frankfurt/Main soweit verschlechtert, dass die Bahn für die Linien RE 20, RB 22 und RB 49 Ersatzlokomotiven heranziehen musste. Hier waren zeitweise die 111 074, die 111 121, die 143 168 und die 143 276 unterwegs. Am 9. Dezember 2023 endete der planmäßige Einsatz der 111 bei der Nürnberger S-Bahn. Bereits am 7. Dezember 2023 fand die letzte Fahrt statt. Der Zug fuhr als S 57853 von Nürnberg Hbf nach Altdorf und am frühen Nachmittag als S 57854 zurück nach Nürnberg Hbf. Am 9. Dezember 2023 war der Zug allerdings dann nochmals im Einsatz. Im Plan der Reihe 442 fuhr die 111 024 Leistungen auf der Linie S 2 zwischen Altdorf und Roth. Die 111 gingen bis auf die 111 024 und 190 nach München.

In Ulm waren zu dieser Zeit nur noch die 111 012, 125, 131, 132, 139 und 169 als Reserve vorhanden. Die Loks hatten keinen Umlaufplan mehr, waren aber meistens auf der RE 5 zwischen Stuttgart und Lindau unterwegs.

Im Frühjahr 2024 hatte die DB Regio nur noch 43 Exemplare der Baureihe 111 in ihrem Bestand. Sie verteilten sich auf die Werke München (19 Loks), Nürnberg (2 Loks), Ulm (6 Loks) und den

Die 111 074 gehört wie die beiden anderen Maschinen auf dieser Seite zum DB-Mietpool und kann angemietet werden. So war die bunte Maschine am 21. Februar 2023 als RE 8 (56725) zwischen Stuttgart und Würzburg eingesetzt, hier in Asperg. | *Foto: M. Dostal*

Die wieder ozeanblau/beigefarben lackierte 111 174 fährt mit einem Steuerwagen der TRI Train Rental GmbH am 18. Oktober 2024 durch Böblingen. | *Foto: M. Dostal*

Die TEE-Lackierung steht der 111 212 zwar gut. Sie hat diese aber in ihrer Planzeit nie getragen. Erst als Mietlok wurde sie so lackiert. Am 6. September 2023 bringt sie den MEX 13 (56706) nach Stuttgart und durchfährt dabei den S-Bahn-Haltepunkt Sommerrain. | *Foto: M. Dostal*

Mietpool in Dortmund (16 Loks). Die Münchener Maschinen waren nach wie vor auf den Linien RE 2, RE 3 und RB 6 nach Garmisch-Partenkirchen, Mittenwald, Regensburg, Passau, Augsburg, Nürnberg und Treuchtlingen unterwegs. Dazu kamen noch Reserveleistungen besonders in Richtung Augsburg, Ingolstadt und Nürnberg hinzu. Die sechs Ulmer Lokomotiven waren nur noch als Ersatz für die Baureihe 146 zwischen Stuttgart und Friedrichshafen unterwegs. Auch die beiden Maschinen in Nürnberg hatten keinen Umlauf mehr und wurden nur bei Bedarf genutzt.

Zur Fußball-Europameisterschaft im Sommer 2024 richtete die Bahn zwischen Köln und Dortmund eine Sonder-RegionalBahn-Linie ein, bei der zahlreiche Züge mit Lokomotiven der Baureihe 111 bespannt waren. Anbieter waren neben der Deutschen Bahn auch die Centralbahn und die TRI Train Rental GmbH. Während die Centralbahn Fahrzeuge aus dem Mietpool der DB nutzte, setzte TRI seine eigenen Wagen ein.

Im Rahmen des Umbaus des Stellwerks Horb auf die elektronische Stellwerkstechnik (ESTW), unternahm die 111 169 am 25. Oktober 2024 Messfahrten auf der Gäubahn. Die Lok fuhr dabei zwischen Horb und Sulz am Neckar.

Anfang Dezember kam es in Treuchtlingen zu einem Brand in der 111 123. Ein Schaltgerüst hatte sich entzündet. Weil der Brand von selbst ausging, musste die Feuerwehr nach ihrem Eintreffen keine Maßnahmen mehr ergreifen.

Mitte Dezember 2024 sollte ein mit einer 111 bespannter Sonder-InterRegio von München über Garmisch-Partenkirchen nach Innsbruck verkehren. Leider wurde die Bespannung kurzfristig abgesagt.

Unterwegs im Werdenfelser Land: Die 111 087 und 111 076 der DB Regio bringen gemeinsam im »Sandwich« den RB 6 59448 von Garmisch-Partenkirchen nach München Hbf. Durch blühende Frühlingswiesen fährt der Zug hier zwischen Garmisch und Farchant vor der herrlichen Kulisse von Alpspitze (links) und Zugspitzmassiv (rechts). | *Foto: U. Miethe*

Eine weitere Mietlok ist die 111 095, die in Anlehnung an den »Lufthansa-Airport-Express« gelb und weiß lackiert wurde. Am Abend des 19. Januar 2024 hat sie mit dem RE 32895 Böblingen erreicht. | *Foto: M. Dostal*

Zum Planwechsel im Winter 2024/2025 endete der Einsatz der Baureihe 101 auf der Verbindung zwischen Freilassing und Berchtesgaden. Die Bahn hatte die Streckenklasse auf C2 herabgesetzt, für die die Baureihe 101 keine Zulassung hat. Es war nun vorgesehen, den IC 2082/2083 »Königssee« dort mit Loks der Baureihe 111 zu bespannen. Dazu waren Ende November zunächst 111 074 und 212 aus dem Mietpool mit einem Wagenzug zu einer ersten Probefahrt unterwegs.

5 PRIVATE EISENBAHNUNTERNEHMEN

Mit der verstärkten Ausmusterung der Baureihe 111 bei der Deutschen Bahn interessieren sich private Eisenbahnunternehmen für die meist noch gut erhaltenen Maschinen und ab 2017 waren die ersten Lokomotiven unter privater Regie unterwegs.

Am 10. September 2021 rangiert die 111 215 von RailAdventure in Böblingen. Sie hat die 111 210 und einen der neuen Triebwagen für die Schönbuchbahn an Haken. | *Foto: M. Dostal*

Aufgrund von Bauarbeiten auf der Murgtalbahn entfiel vom 18. September bis zum 12. Oktober 2023 die Linie S 8 zwischen Forbach (Schwarzwald) und Bondorf (b. Herrenberg). Zwischen Freudenstadt Hbf und Eutingen im Gäu verkehrte zweistündlich ein Ersatzzug mit der 111 036 der Bayernbahn. Am 8. Oktober 2023 ist der Ersatzzug bei Bittelborn in Richtung Eutingen im Gäu unterwegs.
| *Foto: Th. Gries (Archiv Eisenbahnstiftung)*

5.1 BayernBahn GmbH

Die BayernBahn GmbH mit Sitz in Nördlingen ist das Eisenbahnunternehmen des Bayerischen Eisenbahnmuseums in Nördlingen. Die Gesellschaft nutzt seit längerem ältere Maschinen der ehemaligen Bundesbahn für ihre Züge, so Maschinen der Baureihen 139, 140 und 151. Seit Dezember 2019 hat die BayernBahn nun auch die verkehrsrote 111 036 im Bestand, mit der sie seit Ende 2022 Leistungen für Dritte erbringt. Die Lok wird aber auch an Dritte vermietet. So war sie schon für die Weser-Ems-Eisenbahn (WEE), für Go-Ahead-Bayern und die Albtal-Verkehrsgesellschaft (AVG) unterwegs.

5.2 GfF – Gesellschaft für Fahrzeugtechnik mbH

Die GfF – Gesellschaft für Fahrzeugtechnik mbH mit Sitz in Crailsheim hat mit den 111 049, 056 und 200 drei Exemplare dieser Baureihe im Bestand. 2024 waren die beiden letztgenannten aktiv. Sie wurden für eigene Leistungen genutzt, aber auch an Dritte vermietet. 111 049 wurde ebenfalls betriebsfähig aufgearbeitet. Weil es sich bei ihr um die originale »Lufthansa«-Lok handelt, bekam sie inzwischen den gelb/weißen Anstrich der Lufthansa zurück. Die GfF vermietet ihre Fahrzeuge und erbringt auch Beförderungsleistungen für Besteller wie andere Bahnunternehmen oder Industriebetriebe. Sie sind unter anderem nach wie vor im Ersatzverkehr rund um Stuttgart unterwegs.

Die 111 049 führt am 20. September 2024 bei Leipzig-Schönefeld einen Sonderzug von Prag nach Lausanne.
| *Foto: R. Opalka (Archiv Eisenbahnstiftung), Grafik: H. Sölch*

5.3 Helrom GmbH

Die Helrom GmbH mit Sitz in Frankfurt/Main hat die 111 017, 075, 080, 094 und 149 im Bestand. Während die 111 017 bereits in mehreren Blau-, Gelb- und Grüntönen unterwegs ist, sollen die übrigen Maschinen erst noch betriebsfähig aufgearbeitet werden. 111 149 dient dabei allerdings als Ersatzteilspender. Helrom ist auf die Beförderung von Containern und Sattelaufliegern im Kombinierten Ladungsverkehr spezialisiert und bietet diese Leistungen ihren Kunden an. Zunächst wurden die Leistungen mit angemieteten Elloks erbracht. Diese Maschinen wurden aber inzwischen durch die eigenen 111 ersetzt.

Die 111 017 von Helrom fährt am 5. August 2024 mit einer Sonderleistung in Richtung Kornwestheim durch Oppenweiler.
| *Foto: W. Schimmeyer, Grafik: H. Sölch*

5.4 RailAdventure GmbH

Vorstellung der 111 215, 111 210 und 111 222 der RailAdventure GmbH am 1. März 2018 im Werk Dessau der DB Fahrzeuginstandhaltung GmbH. | *Foto: U. Miethe, Grafik: H. Sölch*

Erster Kunde, der sich um die Baureihe 111 bemühte, war die Münchener RailAdventure GmbH. Das Unternehmen hat sich auf Überführungen und Zulassungen von Schienenfahrzeugen spezialisiert. Dabei müssen Fahrzeuge, die noch keine Betriebszulassungen haben, von zugelassenen Lokomotiven befördert werden. Dazu standen RailAdventure in Deutschland zunächst nur die 103 222 und die 139 558 zur Verfügung. Eine sich ständig verbessernde Auftragslage veranlasste RailAdventure zur Beschaffung weiterer Lokomotiven. Die Wahl fiel dabei auf die 111 210, 215 und 222. Hierbei handelt es sich um recht junge Maschinen der letzten Bauserie von 1983 und 1984. Die Loks wurden im Frühjahr 2017 übernommen, in den für RailAdenture typischen Grautönen lackiert, bekamen passende Aufschriften und wurden mit LED-Scheinwerfern ausgestattet. Die Führerräume wurden mit neuen Klimaanlagen und Sitzen ausgestattet. Außerdem wurden die klaren Scheiben der Maschinenräume gegen dunkel getönte ausgetauscht. Der Einsatz begann im Frühjahr 2018. Ende Mai 2018 hatten zwei 111 von RailAdventure eine ganz besondere Aufgabe. Sie beförderten den Sonderzug zum »DKMS World Blood Cancer Day 2018« unter dem Motto »Jetzt bist Du am Zug – Setzt ein Zeichen gegen Blutkrebs!«. Der aus zwei Wagen gebildete Zug machte in München (23. 5.), Stuttgart (24. 5.), Köln (25. 5.), Leipzig (26. 5.), Hamburg (27. 5.) und Berlin (28. 5.) Station. Im September 2019 kamen mit den 111 029 und 082 noch zwei ältere Exemplare zu RailAdventure. Alle fünf Lokomotiven waren 2024 aktiv im Einsatz. Die 111 082 trägt den »RailAdventure«-Schriftzug in den Farben der Ukraine und unterscheidet sich so von allen anderen Maschinen. Mit ihr wurden im Frühjahr 2022 Züge mit Flüchtlingen aus der Ukraine bespannt.

5.5 RBL – Rail Bavaria Logistik GmbH

Die 111 107 verlässt am 14. Oktober 2022 Böblingen. Sie wird nach Sindelfingen fahren und dort einen Güterzug mit neuen Pkw bespannen.
| *Foto: M. Dostal/Grafik: H. Sölch*

Die 111 065 und 107 sind für die RBL – Rail Bavaria Logistik GmbH aus Rohbach an der Ilm unterwegs. Sie erbringen Bedarfsleistungen vor allen Zuggattungen und werden zusammen mit den Maschinen der Smart Rail GmbH eingesetzt. Die Loks haben einen blauen Kasten und tragen eine weiße Bergsilhouette als Firmenlogo. Seit Februar 2024 verstärkt die 111 180 die Lokflotte von RBL. Am Abend des 4. Juni 2024 kam es in der 111 107 zu einem Brand. Die Maschine bespannte einen Schwellenzug zwischen Weinheim und Hirschberg, als sich der Transformator entzündete. Die Feuerwehr konnte den Brand unter Kontrolle bringen und die Lok wurde nach Weinheim geschleppt. Ob die Lok wieder aufgearbeitet wird, stand bei Redaktionsschluss des Buchs noch nicht fest. Eine besondere Aufgabe der Maschinen ist die Bespannung des Roncalli-Zirkus-Zugs. Das Unternehmen nutzt nämlich seit jeher die Bahn, um die Entfernungen zwischen ihren Gastspielorten zu überbrücken.

5.6 Schienenverkehrs-gesellschaft mbH

Im Bestand der Schienenverkehrsgesellschaft mbH (SVG) aus Stuttgart befindet sich die 111 185. Die in S-Bahn-Farben lackierte Maschine wird vor SVG-eigenen Sonderzügen meist zu Musikveranstaltungen oder Fußballspielen eingesetzt.
Im Sommer 2022 bekam die SVG den Zuschlag vom Land Baden-Württemberg für einen längerfristigen Verkehrsvertrag zur Bespannung von Sonderverkehrsleistungen im Regionalverkehr. Darin war auch der Freizeitverkehr in Oberschwaben und am Bodensee enthalten, so der Fahrradexpress »Bodensee II« zwischen Stuttgart und Radolfzell.

Im Sommer 2022 bespannte die 111 185 der SVG den Fahrradexpress »Bodensee II« von Stuttgart über die Gäubahn nach Konstanz am Bodensee. Die Aufnahme entstand am 26. Juni 2022 in Böblingen.
| *Foto: M. Dostal, Grafik: H. Sölch*

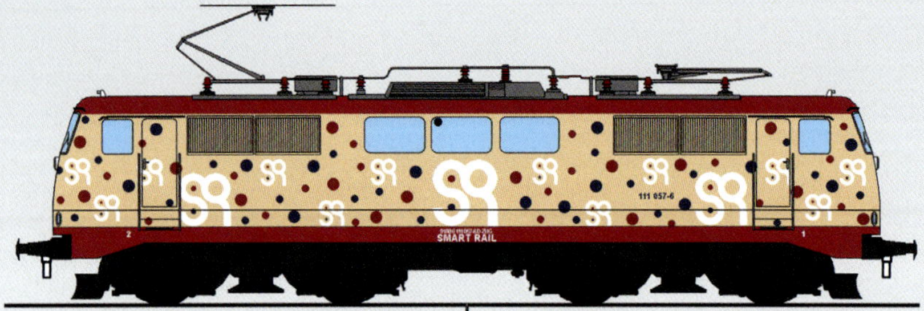

Die 111 von SmartRail fallen durch ihre besonders bunte Punktelackierung auf. Es gibt die Loks mit rotem und mit blauem Rahmen bzw. Dach. Am 17. August 2022 warten in Form von 111 223 (blau) und 111 057 (rot) beide Varianten in Böblingen auf neue Einsätze.
| *Foto: M. Dostal, Grafik: H. Sölch*

5.7 Smart Rail GmbH

Mit den 111 057, 066, 088, 108, 198, 213, 216, 223 und 226 hat die 2017 in München gegründete Smart Rail GmbH inzwischen nach der Deutschen Bahn AG die größte 111-Flotte. Während die 111 198 als Ersatzteilspender dient, stehen die anderen Maschinen im Einsatz. Smart Rail setzte die Loks zunächst im verkehrsroten Outfit der DB ein, entfernte aber alle Logos und die weißen Kontrastflächen an den Stirnseiten. Ab 2021 lackierte Smart Rail die Maschinen in ihren Hausfarben mit beigefarbenem Lokkasten, rotem oder blauem Rahmen bzw. Dach und bunten Punkten. Smart Rail übernimmt Bedarfsverkehre in ganz Deutschland. So sind die Maschinen einzeln oder auch in Doppeltraktion sowohl vor Sonder- und planmäßigen Reisezügen als auch vor Güterzügen zu sehen. Zu ihren Aufgaben gehört die Beförderung saisonaler Schnellzüge wie des Urlaubs-Express' oder des »Snälltaget« von Malmö nach Salzburg.

111 213 war im Sommer 2023 mit in den Ersatzverkehr auf der Regional-Bahn-Linie RE 80 zwischen Würzburg, Ansbach, Treuchtlingen und München eingebunden.

Mit einem ganz besonderen Zug war 111 057 am ersten Adventswochenende 2023 unterwegs. Sie beförderte Wagen des »Prestige Continental Express« und des »Suisse Train Bleu« von Zürich über Würzburg nach Dresden und wieder zurück.

5.8 Train4Train GmbH

Auch die Train4Train GmbH hat Loks der Baureihe 111 im Bestand. Es handelt sich um die 111 025 (beige/ozeanblau), 044 (verkehrsrot) und 207 (orientrot). Die 111 044 muss noch aufgearbeitet werden, die beiden anderen sind aktiv und oft – auch zusammen – mit einem Funkmesswagen von DB Kommunikationstechnik unterwegs, aber auch zu Überführungsfahren von Schienenfahrzeugen werden sie genutzt.

Mit dem Messwagen 1 übernachten die 111 025 (ozeanblau/beige) und die 111 207 (orientrot) am 17. Oktober 2023 in Stuttgart Hbf. | *Foto: M. Dostal, Grafik: H. Sölch*

5.9 TRI Train Rental GmbH

Am 30. November 2024 passiert die blaue 111 054 von TRI mit dem Verstärkerzug TRI RE 6 74488 (Dortmund Hbf – Köln Hbf) den S-Bahn-Haltepunkt Düsseldorf-Hamm.
| *Foto: N. Sobottka, Grafik: H. Sölch*

Erst recht spät entschloss sich die TRI Trail Rental GmbH zur Beschaffung von Lokomotiven der Baureihe 111. Ende 2022 übernahm TRI die 111 054 und 112 in ihren Bestand.
Die 111 130 und 183 folgten im März 2023, die 111 027 im Juni 2023. Die 111 054 und 112 waren 2024 aktiv, die übrigen befanden sich in Aufarbeitung. Ein Highlight der TRI-111-Flotte ist die 111 054, die in den Farben der Deutschen Bundesbahn mit blauem Kasten und schwarzem Rahmen lackiert ist. Rote TRI-Embleme zieren Stirn- und Seitenwände. TRI übernimmt zahlreiche Ersatzverkehre im Regionalverkehr von Eisenbahnunternehmen, deren eigene Fahrzeuge nicht zur Verfügung stehen. Dazu verwaltet TRI zahlreiche ältere RegionalBahn-Wagen, die sehr gut zu den 111 passen. Neben einzelnen Sonderleistungen wie Fußball-Sonderzüge erbrachten die Maschinen 2024 auch Ersatzdienste im Verkehrsverbund-Rhein-Ruhr (VRR) und rund um Stuttgart.

5.10 Museumsloko- motiven

Obwohl noch viele Exemplare der Baureihe 111 im aktiven Dienst zu finden sind, gibt es schon erste Museumloks. So hat das DB-Museum in Koblenz-Lützel die 111 001 übernommen. Die Lok wurde betriebsfähig aufgearbeitet und wieder beige/ozeanblau lackiert. Allerdings wurde die Seitennummer nicht wie ursprünglich im beigefarbenen Bereich, sondern auf dem ozeanblauen Rahmen angebracht. Die Lok wird oft zu Sonder- und Überführungsfahrten für das Museum genutzt. Des Weiteren gehört die 111 040 zum Museumsbestand. Sie ist nicht aufgearbeitet abgestellt und wird als Ersatzteilspender genutzt. Einzige private Museumslok im Jahr 2024 war die 111 003 des Vereins zur Erhaltung historischer Lokomotiven e.V. Sie ist eine Leihgabe von DB Regio und ist im Lokschuppen von Euskirchen hinterstellt.

Am 7. Februar 2017 weilte die 111 001 zu einer Nachschau im Werk Frankfurt/Main-Griesheim. | *Foto: V. Emersleben*

Die 111 001 des DB-Museums Koblenz-Lützel ist am 31. Mai 2021 als Lr 5464 mit einer Wagenüberführung nach Crailsheim bei Mainz unterwegs. | *Foto: M. Christ (Archiv Eisenbahnstiftung)*

6 STATISTIK

Die 111 224 ist eine der spät gebauten Maschinen der Baureihe 111. Sie kam erst am 29. März 1984 zur Deutschen Bundesbahn und wurde am 15. Februar 2019 von der Firma Bender Rohstoff-Recycling e. K. in Leverkusen-Opladen zerlegt. | *Foto: Dr. D. Hörnemann*

Lok-nummer	mech. Teil	elektr. Teil	Abnahme	Erst-BW	Letzt-BW	Ausmusterung	Ausstattung	Verbleib
111 001-4	KM 19738	Sie	17.05.1975	München	München	z 24.03.2012	KWS 36	DB Museum
111 002-2	KM 19739	Sie	24.06.1975	München	München	+ 22.05.2013	KWS 36	zerlegt
111 003-0	KM 19740	Sie	19.09.1975	München	München	+ 23.05.2013	KWS 36	Verein zur Erhaltung historischer Lokomotiven-Bw Euskirchen
111 004-8	KM 19741	Sie	10.10.1975	München	München	+ 17.06.2008	KWS 36	zerlegt
111 005-5	KM 19742	Sie	04.07.1975	München	München	z 03.04.2014	KWS 36	zerlegt
111 006-3	KM 19743	Sie	30.07.1975	München	München	+ 06.08.2013	KWS 36, ZWS, ZDS, TAV	zerlegt
111 007-1	KM 19744	Sie	14.08.1975	München	Ulm		KWS 36, ZWS, ZDS, TAV	abgestellt
111 008-9	KM 19745	Sie	25.08.1975	München	Dortmund	z 16.11.2015	KWS 36, ZWS, ZDS, TAV	zerlegt
111 009-7	KM 19746	Sie	09.09.1975	München	Köln-Deutzerfeld		KWS 36, ZWS, ZDS, TAV	zerlegt
111 010-5	KM 19747	Sie	21.10.1975	München	Dortmund	z 02.07.2019	KWS 36, ZWS, ZDS, TAV	zerlegt
111 011-3	KM 19748	Sie	31.10.1975	München	München		KWS 36, ZWS, ZDS, TAV	DB Gebrauchtzug
111 012-1	KM 19749	Sie	14.11.1975	München	Ulm		KWS 36, ZWS, ZDS, TAV	abgestellt
111 013-9	KM 19750	Sie	26.11.1975	München	Dortmund		KWS 36, ZWS, ZDS, FMZ, TAV	zerlegt
111 014-7	KM 19751	Sie	03.12.1975	München	Dortmund	+ 08.02.2017	KWS 36, ZWS, ZDS, FMZ, TAV	zerlegt
111 015-4	KM 19752	Sie	12.12.1975	München	Köln-Deuterfeld	+ 29.07.2014	KWS 36, ZWS, ZDS, FMZ, TAV	zerlegt
111 016-2	KM 19753	Sie	18.12.1975	München	Dortmund		KWS 36, ZWS, ZDS, TAV	abgestellt
111 017-0	KM 19754	Sie	19.01.1976	München	München		KWS 36, ZWS, ZDS, TAV	Helrom GmbH, Frankfurt/Main
111 018-8	KM 19755	Sie	28.01.1976	München	Ludwigs-hafen		KWS 36, DSA 200	abgestellt
111 019-6	KM 19756	Sie	04.02.1976	München	Stuttgart		KWS 36, ZWS, ZDS, TAV	abgestellt
111 020-4	KM 19757	Sie	10.02.1976	München	Köln-Deuterfeld		KWS 36	abgestellt
111 021-2	KM 19758	Sie	04.03.1976	München	Stuttgart	z 24.02.2023	KWS 36, ZWS, ZDS, TAV	abgestellt
111 022-0	KM 19759	Sie	08.03.1976	München	München		KWS 36, ZWS, ZDS, FMZ, TAV	abgestellt
111 023-8	KM 19760	Sie	08.03.1976	München	München		KWS 36, ZWS, ZDS, FMZ, TAV	abgestellt

Lok-nummer	mech. Teil	elektr. Teil	Abnahme	Erst-BW	Letzt-BW	Ausmuste-rung	Ausstattung	Verbleib
111 024-6	KM 19761	Sie	30.03.1976	München	München		KWS 36, ZWS, ZDS, FMZ, TAV	
111 025-3	KM 19762	Sie	07.04.1976	München	Ulm		KWS 36, ZWS, ZDS, FMZ, TAV, DSA 200	Train4Train GmbH, Bodenwerder
111 026-1	KM 19763	Sie	21.04.1976	München	Ludwigs-hafen		KWS 36	abgestellt
111 027-9	KM 19764	Sie	22.04.1976	München			KWS 36, ZWS, ZDS, FMZ, TAV	TRI Train Rental GbR, Eckental-Eschenau
111 028-7	KM 19765	Sie	04.05.1976	München	Dortmund		KWS 36, ZWS, ZDS, FMZ, TAV NBÜ	zerlegt
111 029-5	KM 19766	Sie	10.05.1976	München	Ulm		KWS 36, ZWS, ZDS, FMZ, TAV	RailAdventure GmbH, München
111 030-3	KM 19767	Sie	20.05.1976	München	Ludwigs-hafen	z 21.06.2013	KWS 36	zerlegt
111 031-1	KM 19768	Sie	03.06.1976	München			KWS 36, ZWS, ZDS, FMZ, TAV	abgestellt
111 032-9	KM 19769	Sie	15.06.1976	München	Dortmund		KWS 36	abgestellt
111 033-7	KM 19770	Sie	25.06.1976	München	Ludwigs-hafen		KWS 36	zerlegt
111 034-5	KM 19771	Sie	08.07.1976	München	Ludwigs-hafen	+ 18.08.2012	KWS 36, ZWS, ZDS, FMZ, TAV	zerlegt
111 035-2	KM 19772	Sie	15.07.1976	München	München		KWS 36, ZWS, ZDS, FMZ, TAV	zerlegt
111 036-0	KM 19773	Sie	21.07.1976	München	München		KWS 36, ZWS, ZDS, FMZ, TAV	BayernBahn GmbH, Nördlingen
111 037-8	KM 19774	Sie	28.07.1976	München	Dortmund		KWS 36, ZWS, ZDS, FMZ, TAV	abgestellt
111 038-6	KM 19775	Sie	09.08.1976	München	Dortmund		KWS 36	zerlegt
111 039-4	KM 19776	Sie	19.08.1976	München		z 23.01.2020	KWS 36, ZWS, ZDS, FMZ, TAV	abgestellt
111 040-2	KM 19777	Sie	23.09.1976	München	Dortmund		KWS 36, ZWS, ZDS, TAV	abgestellt, DB Museum
111 041-0	Hen 31887	AEG 8921	30.10.1975	München	Ludwigs-hafen	z 28.04.2016	KWS 36	zerlegt
111 042-8	Hen 31888	BBC	07.11.1975	München	Ludwigs-hafen		KWS 36	abgestellt
111 043-6	Hen 31889	AEG 8922	18.11.1975	München	Stuttgart		KWS 36, ZWS, ZDS, FMZ, TAV	abgestellt
111 044-4	Hen 31890	BBC	26.11.1975	München	München		KWS 36, ZWS, ZDS, FMZ, TAV	abgestellt
111 045-1	Hen 31891	BBC	03.12.1975	München	Ludwigs-hafen	+ 16.05.2013	KWS 36	zerlegt
111 046-9	Hen 31892	AEG 8923	09.12.1975	München	Stuttgart		KWS 36, ZWS, ZDS, TAV	abgestellt

Lok-nummer	mech. Teil	elektr. Teil	Abnahme	Erst-BW	Letzt-BW	Ausmusterung	Ausstattung	Verbleib
111 047-7	Hen 31893	BBC	19.12.1975	München	Ulm		KWS 36, ZWS, ZDS, FMZ, TAV	abgestellt
111 048-5	Hen 31894	BBC	23.12.1975	München	Stuttgart		KWS 36, ZWS, ZDS, FMZ, TAV, LZB	zerlegt
111 049-3	Hen 31895	BBC	23.01.1976	München	Stuttgart		KWS 36, ZWS, ZDS, FMZ, TAV, LZB	Gesellschaft für Fahrzeugtechnik mbH, Crailsheim
111 050-1	Hen 31896	BBC	30.01.1976	München	Ulm		KWS 36, ZWS, ZDS, FMZ, TAV, LZB	abgestellt
111 051-9	Hen 31897	AEG 8924	05.02.1976	München	Stuttgart		KWS 36, ZWS, ZDS, FMZ, TAV, LZB	zerlegt
111 052-7	Hen 31898	BBC	11.02.1976	München	München	z 31.12.2019	KWS 36, ZWS, ZDS, FMZ, LZB	zerlegt
111 053-5	Hen 31899	BBC	19.02.1976	München	München		KWS 36, ZWS, ZDS, FMZ, TAV, LZB	abgestellt
111 054-3	Hen 31900	AEG 8925	08.03.1976	München	Dortmund		KWS 36, ZWS, ZDS, FMZ, TAV, LZB	TRI Train Rental GbR, Eckental-Eschenau
111 055-0	Hen 31901	BBC	23.03.1976	München	München		KWS 36, ZWS, ZDS, TAV, LZB	abgestellt
111 056-8	Hen 31902	BBC	26.03.1976	München	München		KWS 36, ZWS, ZDS, TAV, LZB	Gesellschaft für Fahrzeugtechnik mbH, Crailsheim
111 057-6	Hen 31903	AEG 8926	01.04.1976	München	München		KWS 36, ZWS, ZDS, TAV, LZB	smart rail GmbH, München
111 058-4	Hen 31904	BBC	27.04.1976	München	München		KWS 36, ZWS, ZDS, TAV, LZB	
111 059-2	Hen 31905	BBC	27.04.1976	München	Frankfurt/ Main		KWS 36, ZWS, ZDS, TAV, LZB	DB Netz AG – Instandsetzung/Maschinenpool, Berlin
111 060-0	Hen 31906	AEG 8927	10.05.1976	München	Stuttgart		KWS 36, ZWS, ZDS, FMZ, TAV, LZB	abgestellt
111 061-8	Hen 31907	BBC	19.05.1976	München	Dortmund		KWS 36, ZWS, ZDS, FMZ, TAV, LZB	zerlegt
111 062-6	Hen 31908	BBC	25.05.1976	München			KWS 36, ZWS, ZDS, TAV, LZB	
111 063-4	Hen 31909	AEG 8928	04.06.1976	München	Dortmund	z 18.03.2017	KWS 36, ZWS, ZDS, TAV, LZB	zerlegt
111 064-2	Hen 31910	BBC	16.06.1976	München	Freiburg/ Brsg.	+ 19.09.2018	KWS 36, ZWS, ZDS, TAV, LZB	zerlegt
111 065-9	Hen 31911	BBC	05.07.1976	München	München		KWS 36, ZWS, ZDS, TAV, LZB	Rail Bavaria Logistik GmbH, Rohrbach
111 066-7	Hen 31912	BBC	14.07.1976	München	München		KWS 36, ZWS, ZDS, TAV, LZB	smart rail GmbH, München
111 067-5	Hen 31913	BBC	16.07.1976	München	Dortmund		KWS 36, ZWS, ZDS, FMZ, TAV	
111 068-3	Hen 31914	BBC	27.07.1976	München	München	+ 06.02.2013	KWS 36, LZB	zerlegt

Lok-nummer	mech. Teil	elektr. Teil	Abnahme	Erst-BW	Letzt-BW	Ausmuste-rung	Ausstattung	Verbleib
111 069-1	Hen 31915	BBC	12.08.1976	München	Dortmund		KWS 36	zerlegt
111 070-9	Hen 31916	BBC	26.08.1976	München	Frankfurt/ Main	z 28.04.2016	KWS 36, ZWS, ZDS, TAV	zerlegt
111 071-7	KM 19829	Sie	06.10.1977	München	Dortmund	z 17.07.2019	KWS 36, ZWS, ZDS, TAV	zerlegt
111 072-5	KM 19830	Sie	19.10.1977	München	Ludwigs-hafen	+ 08.02.2013	KWS 36	zerlegt
111 073-3	KM 19831	Sie	15.11.1976	München	München	z 24.06.2014	KWS 36, ZWS, ZDS, TAV	
111 074-1	KM 19832	Sie	02.12.1977	München	Dortmund		KWS 36, ZWS, ZDS, TAV	DB Gebrauchtzug
111 075-8	KM 19833	Sie	19.12.1977	München	Ulm		KWS 36, ZWS, ZDS, TAV	Helrom GmbH, Frankfurt/Main
111 076-6	KM 19834	Sie	10.01.1978	München	München		KWS 36, ZWS, ZDS, TAV	
111 077-4	KM 19835	Sie	27.01.1978	München	Stuttgart	+ 20.03.2013	KWS 36, ZWS, ZDS, TAV	zerlegt
111 078-2	KM 19836	Sie	13.02.1978	München	Ulm		KWS 36, ZWS, ZDS, FMZ, TAV	zerlegt
111 079-0	KM 19837	Sie	16.03.1978	München	Ulm		KWS 36, ZWS, ZDS, FMZ, TAV	abgestellt
111 080-8	KM 19838	Sie	29.03.1978	München	Ulm		KWS 36, ZWS, ZDS, TAV	Helrom GmbH, Frankfurt/Main
111 081-6	KM 19839	Sie	19.04.1978	München	Braun schweig	+ 24.01.2016	KWS 36, ZWS, ZDS, TAV	zerlegt
111 082-4	KM 19840	Sie	18.05.1978	München	Ulm		KWS 36, ZWS, ZDS, TAV	RailAdventure GmbH, München
111 083-2	KM 19841	Sie	31.05.1975	München	Braun-schweig	z 17.12.2015	KWS 36, ZWS, ZDS, TAV	zerlegt
111 084-0	KM 19842	Sie	31.08.1978	München	Dortmund		KWS 36, ZWS, ZDS, TAV	zerlegt
111 085-7	Krupp 5422	AEG 8964	24.12.1977	München	Braun-schweig	+ 16.05.2013	KWS 36, ZWS, ZDS, FMZ, TAV	zerlegt
111 086-5	Krupp 5423	AEG 8965	21.01.1978	München	Frankfurt/ Main	+ 13.02.2021	KWS 36, ZWS, ZDS, TAV	abgestellt
111 087-3	Krupp 5424	AEG 8966	25.01.1978	München	München		KWS 36, ZWS, ZDS, FMZ, TAV	
111 088-1	Krupp 5425	AEG 8967	04.02.1978	München	Ulm		KWS 36, ZWS, ZDS, FMZ, TAV	abgestellt
111 089-9	Krupp 5426	AEG 8968	16.02.1978	München	Braun-schweig	+ 07.02.2016	KWS 36, ZWS, ZDS, FMZ, TAV	zerlegt

Lok-nummer	mech. Teil	elektr. Teil	Abnahme	Erst-BW	Letzt-BW	Ausmuste-rung	Ausstattung	Verbleib
111 090-7	Krupp 5427	AEG 8969	28.02.1978	München	Braun-schweig	+ 03.12.2010	KWS 36, ZWS, ZDS, FMZ, TAV	zerlegt
111 091-5	Krupp 5428	AEG 8970	16.03.1978	München	München		KWS 36, ZWS, ZDS, TAV	
111 092-3	Krupp 5429	AEG 8971	19.04.1978	München			KWS 36, ZWS, ZDS, TAV	
111 093-1	Krupp 5430	AEG 8972	19.05.1978	München	Dortmund		KWS 36, ZWS, ZDS, TAV	
111 094-9	Krupp 5431	AEG 8973	16.06.1978	München	Frankfurt/ Main		KWS 36, ZWS, ZDS, FMZ, TAV	Helrom GmbH, Frankfurt/Main
111 095-6	Krupp 5432	AEG 8974	19.07.1978	München	Dortmund		KWS 36, ZWS, ZDS, TAV	
111 096-4	Krupp 5433	AEG 8975	14.09.1978	München	Dortmund		KWS 36, ZWS, ZDS, TAV	
111 097-2	Krupp 5434	AEG 8976	13.10.1978	München	Frankfurt/ Main		KWS 36, ZWS, ZDS, TAV	zerlegt
111 098-0	Hen 32151	BBC	18.10.1977	München	Dortmund		KWS 36, ZWS, ZDS, TAV, NBÜ	zerlegt
111 099-8	Hen 32152	BBC	26.10.1977	München	Dortmund		KWS 36, ZWS, ZDS, FMZ, TAV, NBÜ	zerlegt
111 100-4	Hen 32153	BBC	16.11.1977	München			KWS 36, ZWS, ZDS, FMZ, TAV, NBÜ	
111 101-2	Hen 32154	BBC	15.12.1977	München			KWS 36, ZWS, ZDS, TAV, NBÜ	zerlegt
111 102-0	Hen 32155	BBC	18.01.1978	München	Dortmund	+ 30.03.2017	KWS 36, ZWS, ZDS, FMZ, TAV, NBÜ	zerlegt
111 103-8	Hen 32156	BBC	09.02.1978	München	Nürnberg		KWS 36, ZWS, ZDS, TAV, NBÜ	zerlegt
111 104-6	Hen 32157	BBC	15.03.1978	München	Frankfurt/ Main		KWS 36, ZWS, ZDS, FMZ, TAV, NBÜ, GPS	zerlegt
111 105-3	Hen 32158	BBC	13.04.1978	München	Dortmund		KWS 36, ZWS, ZDS, TAV, NBÜ	abgestellt
111 106-1	Hen 32159	BBC	10.05.1978	München	Dortmund	z 02.07.2019	KWS 36, ZWS, ZDS, FMZ, TAV	zerlegt
111 107-9	Hen 32160	BBC	05.06.1978	München	München		KWS 36, ZWS, ZDS, TAV	Rail Bavaria Logistik GmbH, Rohr-bach
111 108-7	Hen 32161	BBC	30.06.1978	München	Frankfurt/ Main		KWS 36, ZWS, ZDS, FMZ, TAV, NBÜ	smart rail GmbH, München
111 109-5	Hen 32162	BBC	11.08.1978	München		+ 28.01.1982		
111 110-3	Hen 32163	BBC	29.09.1978	München	München		KWS 36, ZWS, ZDS, FMZ, TAV, NBÜ	

Lok-nummer	mech. Teil	elektr. Teil	Abnahme	Erst-BW	Letzt-BW	Ausmusterung	Ausstattung	Verbleib
111 111-1	KM 19843	Sie	18.08.1978	Düssel-dorf	Dortmund		KWS 36, ZWS, TAV	DB Gebrauchtzug
111 112-9	KM 19844	Sie	03.11.1978	Düssel-dorf	Dortmund		KWS 36, ZWS, TAV	TRI Train Rental GbR, Eckental-Eschenau
111 113-7	KM 19845	Sie	21.11.1978	Düssel-dorf	Dortmund		KWS 36, ZWS, TAV	abgestellt
111 114-5	KM 19846	Sie	30.01.1979	Düssel-dorf	München		KWS 36, ZWS, FMZ, TAV	
111 115-2	KM 19847	Sie	15.03.1979	Düssel-dorf	München		KWS 36, ZWS, FMZ, TAV, NBÜ	
111 116-0	KM 19848	Sie	17.05.1979	Düssel-dorf	Dortmund		KWS 36, ZWS, TAV	zerlegt
111 117-8	KM 19849	Sie	23.07.1979	Düssel-dorf	Dortmund		KWS 36, ZWS, TAV	zerlegt
111 118-6	KM 19850	Sie	17.09.1979	Düssel-dorf	Dortmund		KWS 36, ZWS, TAV	
111 119-4	KM 19851	Sie	30.11.1979	Düssel-dorf	Dortmund		KWS 36, ZWS, TAV	zerlegt
111 120-2	KM 19822	Sie	30.01.1980	Düssel-dorf	Ulm		KWS 36, ZWS, TAV	abgestellt
111 121-0	KM 19823	Sie	31.03.1980	Düssel-dorf	Dortmund		KWS 36, ZWS, FMZ, TAV, NBÜ	
111 122-8	KM 19824	Sie	04.06.1980	Düssel-dorf	Dortmund		KWS 36, ZWS, TAV	
111 123-6	Krupp 5435	AEG 8977	15.11.1978	Düssel-dorf	München		KWS 36, ZWS, FMZ, TAV	
111 124-4	Krupp 5436	AEG 8978	13.12.1978	Düssel-dorf	Dortmund	z 17.07.2019	KWS 36, ZWS, TAV	zerlegt
111 125-1	Krupp 5437	AEG 8979	24.01.1979	Düssel-dorf	Ulm		KWS 36, ZWS, FMZ, TAV	
111 126-9	Krupp 5438	AEG 8980	19.02.1979	Düssel-dorf	Dortmund		KWS 36, ZWS, FMZ, TAV	zerlegt
111 127-7	Krupp 5439	AEG 8981	23.04.1979	Düssel-dorf	München		KWS 36, ZWS, FMZ, TAV, NBÜ	abgestellt
111 128-5	Krupp 5440	AEG 8982	21.06.1979	Düssel-dorf	Dortmund	+ 25.06.2020	KWS 36, ZWS, FMZ, TAV	zerlegt
111 129-3	Krupp 5441	AEG 8983	27.08.1979	Düssel-dorf	Dortmund	+ 23.06.2020	KWS 36, ZWS, FMZ, TAV	zerlegt
111 130-1	Krupp 5442	AEG 8984	24.10.1979	Düssel-dorf	Nürnberg		KWS 36, ZWS, FMZ, TAV	TRI Train Rental GbR, Eckental-Eschenau
111 131-9	Krupp 5443	AEG 8985	21.12.1979	Düssel-dorf	Stuttgart		KWS 36, ZWS, TAV	

Lok-nummer	mech. Teil	elektr. Teil	Abnahme	Erst-BW	Letzt-BW	Ausmuste-rung	Ausstattung	Verbleib
111 132-7	Krupp 5444	AEG 8986	10.02.1980	Düssel-dorf	Stuttgart		KWS 36, ZWS, TAV	
111 133-5	Krupp 5445	AEG 8987	25.04.1980	Düssel-dorf	Bremen		KWS 36, ZWS, FMZ, TAV	zerlegt
111 134-3	Krupp 5446	AEG 8988	24.06.1980	Düssel-dorf	Ludwigs-hafen		KWS 36, ZWS, FMZ, TAV	zerlegt
111 135-0	Hen 32278	BBC	26.09.1978	Düssel-dorf	Stuttgart		KWS 36, ZWS, TAV	abgestellt
111 136-8	Hen 32279	BBC	16.11.1978	Düssel-dorf	Braun-schweig		KWS 36, ZWS, TAV	zerlegt
111 137-6	Hen 32280	Sie	05.01.1979	Düssel-dorf	Dortmund		KWS 36, ZWS, TAV	DB Gebrauchtzug
111 138-4	Hen 32281	AEG 8989	09.03.1979	Düssel-dorf	Stuttgart		KWS 36, ZWS, TAV	abgestellt
111 139-2	Hen 32282	BBC	21.05.1979	Düssel-dorf	Ulm		KWS 36, ZWS, TAV	
111 140-0	Hen 32283	Sie	04.07.1979	Düssel-dorf	Braun-schweig	z 23.04.2014	KWS 36, ZWS, FMZ, TAV	abgestellt
111 141-8	Hen 32284	AEG 8990	15.08.1979	Düssel-dorf	Bremen		KWS 36, ZWS, TAV	zerlegt
111 142-6	Hen 32285	BBC	23.08.1979	Düssel-dorf	Ludwigs-hafen	+ 21.02.2019	KWS 36, ZWS, TAV	zerlegt
111 143-4	Hen 32286	BBC	12.11.1979	Düssel-dorf	Dortmund		KWS 36, ZWS, TAV	
111 144-2	Hen 32287	BBC	23.01.1980	Düssel-dorf	Braun-schweig	z 17.12.2015	KWS 36, ZWS, TAV	zerlegt
111 145-9	Hen 32288	BBC	29.02.1990	Düssel-dorf	Dortmund		KWS 36, ZWS, TAV	zerlegt
111 146-7	Hen 32289	BBC	08.05.1980	Düssel-dorf	Dortmund		KWS 36, ZWS, TAV	zerlegt
111 147-5	KM 19859	Sie	01.08.1980	Düssel-dorf	Dortmund		KWS 36, ZWS, FMZ, TAV	zerlegt
111 148-3	KM 19860	Sie	30.09.1980	Düssel-dorf	München		KWS 36, ZWS, FMZ, TAV	
111 149-1	KM 19861	Sie	18.11.1980	Düssel-dorf	Dortmund		KWS 36, ZWS, FMZ, TAV	Helrom GmbH, Frankfurt/Main
111 150-9	KM 19862	Sie	16.01.1981	Düssel-dorf	Dortmund		KWS 36, ZWS, FMZ, TAV	DB Gebrauchtzug
111 151-7	KM 19863	Sie	18.03.1981	Düssel-dorf	Dortmund		KWS 36, ZWS, TAV	zerlegt
111 152-5	KM 19864	Sie	15.05.1981	Düssel-dorf	Dortmund	z 05.12.2013	KWS 36, ZWS, FMZ, TAV	zerlegt
111 153-3	KM 19865	Sie	30.07.1981	Düssel-dorf	Dortmund	z 02.12.2013	KWS 36, ZWS, FMZ, TAV	zerlegt

Lok-nummer	mech. Teil	elektr. Teil	Abnahme	Erst-BW	Letzt-BW	Ausmusterung	Ausstattung	Verbleib
111 154-1	KM 19866	Sie	29.09.1981	Düssel-dorf	Köln	+ 18.05.2012	KWS 36, ZWS, TAV	zerlegt
111 155-8	KM 19867	Sie	17.11.1981	Düssel-dorf	Dortmund		KWS 36, ZWS, TAV	zerlegt
111 156-6	KM 19868	Sie	19.01.1982	Düssel-dorf	Dortmund		KWS 36, ZWS, TAV	abgestellt
111 157-4	KM 19869	Sie	01.04.1982	Düssel-dorf	Dortmund		KWS 36, ZWS, TAV	zerlegt
111 158-2	Krupp 5465	AEG 8991	25.08.1980	Düssel-dorf	Dortmund		KWS 36, ZWS, FMZ, TAV	
111 159-0	Krupp 5466	AEG 8992	24.10.1980	Düssel-dorf	München		KWS 36, ZWS, FMZ, TAV	abgestellt
111 160-8	Krupp 5467	AEG 8993	17.12.1980	Düssel-dorf	Köln		KWS 36, ZWS, TAV	zerlegt
111 161-6	Krupp 5468	AEG 8994	12.02.1981	Düssel-dorf	Stuttgart		KWS 36, ZWS, FMZ, TAV	abgestellt
111 162-4	Krupp 5469	AEG 8995	28.04.1981	Düssel-dorf	Ulm		KWS 36, ZWS, FMZ, TAV	zerlegt
111 163-2	Krupp 5470	AEG 8996	22.06.1981	Düssel-dorf	München		KWS 36, ZWS, TAV	
111 164-0	Krupp 5471	AEG 8997	12.08.1981	Düssel-dorf	Stuttgart	z 05.12.2017	KWS 36, ZWS, FMZ, TAV	zerlegt
111 165-7	Krupp 5472	AEG 8998	20.10.1981	Düssel-dorf	Dortmund		KWS 36, ZWS, FMZ, TAV	DB Gebrauchtzug
111 166-5	Krupp 5473	AEG 8999	10.12.1981	Düssel-dorf	Stuttgart	z 18.05.2017	KWS 36, ZWS, FMZ, TAV	zerlegt
111 167-3	Krupp 5474	AEG 9000	15.02.1982	Düssel-dorf	Stuttgart	z 01.10.2017	KWS 36, ZWS, FMZ, TAV	zerlegt
111 168-1	Hen 32441	BBC	24.07.1980	Düssel-dorf	Dortmund		KWS 36, ZWS, TAV	DB Gebrauchtzug
111 169-9	Hen 32442	BBC	17.09.1980	Düssel-dorf	Ulm		KWS 36, ZWS, TAV, NBÜ	
111 170-7	Hen 32443	BBC	03.11.1980	Düssel-dorf			KWS 36, ZWS, TAV	zerlegt
111 171-5	Hen 32444	BBC	08.01.1981	Düssel-dorf	Dortmund		KWS 36, ZWS, FMZ, TAV	zerlegt
111 172-3	Hen 32445	BBC	20.02.1981	Düssel-dorf	München	z 27.10.2017	KWS 36, ZWS, TAV	zerlegt
111 173-1	Hen 32446	BBC	05.05.1981	Düssel-dorf	München	+ 22.03.2019	KWS 36, ZWS, TAV	zerlegt
111 174-9	Hen 32447	BBC	02.07.1981	Düssel-dorf	Dortmund		KWS 36, ZWS, TAV	DB Gebrauchtzug
111 175-6	Hen 32448	BBC	25.09.1981	Düssel-dorf	München	z 29.03.2016	KWS 36, ZWS, TAV	zerlegt

Lok-nummer	mech. Teil	elektr. Teil	Abnahme	Erst-BW	Letzt-BW	Ausmuste-rung	Ausstattung	Verbleib
111 176-4	Hen 32449	BBC	13.11.1981	Düssel-dorf	Stuttgart	z 15.02.2018	KWS 36, ZWS, FMZ, TAV	zerlegt
111 177-2	Hen 32450	BBC	25.01.1982	Düssel-dorf	München		KWS 36, ZWS, ZDS, TAV	abgestellt
111 178-0	Hen 32451	AEG 9001	23.03.1982	Düssel-dorf	München		KWS 36, ZWS, ZDS, TAV	zerlegt
111 179-8	KM 19899	Sie	11.06.1983	Düssel-dorf	Nürnberg	z 02.10.2016	KWS 36, ZWS, ZDS, FMZ, TAV	zerlegt
111 180-6	KM 1990	Sie	30.07.1983	Düssel-dorf	Nürnberg	z 21.06.2018	KWS 36, ZWS, ZDS, TAV	smart rail GmbH, Neubiberg
111 181-4	KM 19901	Sie	29.09.1983	Düssel-dorf	Dortmund		KWS 36, ZWS, ZDS, FMZ, TAV	DB Gebrauchtzug
111 182-2	KM 19902	Sie	15.11.1983	Düssel-dorf	München		KWS 36, ZWS, ZDS, TAV	zerlegt
111 183-0	KM 19903	Sie	19.12.1983	Düssel-dorf			KWS 36, ZWS, ZDS, FMZ, TAV	TRI Train Rental GbR, Eckental-Eschenau
111 184-8	Krupp 5501	AEG 9016	26.04.1983	Düssel-dorf	Nürnberg	z 15.02.2019	KWS 36, ZWS, ZDS, TAV	
111 185-5	Krupp 5502	AEG 9017	27.06.1983	Düssel-dorf	Nürnberg		KWS 36, ZWS, ZDS, TAV	Schienenverkehrsgesellschaft mbH, Stuttgart (SVG)
111 186-3	Krupp 5503	AEG 9018	08.09.1983	Düssel-dorf	Nürnberg		KWS 36, ZWS, ZDS, FMZ, TAV	abgestellt
111 187-1	Krupp 5504	AEG 9019	21.10.1983	Düssel-dorf	Nürnberg		KWS 36, ZWS, ZDS, FMZ, TAV	abgestellt
111 188-9	Krupp 5505	AEG 9020	23.12.1983	Düssel-dorf	München		KWS 36, ZWS, ZDS, TAV, NBÜ	abgestellt
111 189-7	KM 19893	Sie	28.05.1982	München	Dortmund		KWS 36, ZWS, ZDS, FMZ, TAV, NBÜ	DB Gebrauchtzug
111 190-5	KM 19894	Sie	27.07.1982	München	Nürnberg		KWS 36, ZWS, ZDS, TAV, NBÜ	
111 191-3	KM 19895	Sie	29.09.1982	München	Dortmund		KWS 36, ZWS, ZDS, TAV, NBÜ	DB Gebrauchtzug
111 192-1	KM 19896	Sie	03.12.1982	München	Dortmund		KWS 36, ZWS, ZDS, FMZ, TAV, NBÜ	zerlegt
111 193-9	KM 19897	Sie	19.01.1983	München	Nürnberg		KWS 36, ZWS, ZDS, TAV, NBÜ	abgestellt
111 194-7	KM 19898	Sie	30.03.1983	München	München		KWS 36, ZWS, ZDS, TAV	abgestellt
111 195-4	Krupp 5506	AEG 9021	29.04.1982	München	Frankfurt/Main	+ 04.11.2013	KWS 36, ZWS, ZDS, TAV	zerlegt
111 196-2	Krupp 5507	AEG 9022	02.07.1982	München	Braun-schweig	+ 20.05.2014	KWS 36, ZWS, ZDS, TAV	zerlegt
111 197-0	Krupp 5508	AEG 9023	23.08.1982	München	Dortmund		KWS 36, ZWS, ZDS, TAV	

Lok-nummer	mech. Teil	elektr. Teil	Abnahme	Erst-BW	Letzt-BW	Ausmuste-rung	Ausstattung	Verbleib
111 198-8	Krupp 5509	AEG 9024	25.10.1982	München	Stuttgart		KWS 36, ZWS, ZDS, TAV	smart rail GmbH, München
111 199-6	Krupp 5510	AEG 9025	17.12.1982	München	Nürnberg	+ 14.11.2013	KWS 36, ZWS, ZDS, FMZ, TAV	zerlegt
111 200-2	Krupp 5511	AEG 9026	25.02.1983	München	München		KWS 36, ZWS, ZDS, TAV	Gesellschaft für Fahrzeugtechnik mbH, Crailsheim
111 201-0	Hen 32548	BBC	14.05.1982	München	München		KWS 36, ZWS, ZDS, FMZ, TAV	
111 202-8	Hen 32549	BBC	16.07.1982	München	Nürnberg		KWS 36, ZWS, ZDS, FMZ, TAV	zerlegt
111 203-6	Hen 32550	BBC	14.09.1982	München	Stuttgart	z 01.10.2014	KWS 36, ZWS, ZDS, FMZ, TAV	abgestellt
111 204-4	Hen 32551	BBC	12.11.1982	München	Braun-schweig	z 17.12.2015	KWS 36, ZWS, ZDS, TAV	zerlegt
111 205-1	Hen 32552	BBC	18.01.1983	München	Nürnberg	+ 12.03.2013	KWS 36, ZWS, ZDS, FMZ, TAV	zerlegt
111 206-9	Hen 32553	BBC	28.03.1983	München	Nürnberg		KWS 36, ZWS, ZDS, FMZ, TAV	zerlegt
111 207-7	Hen 32554	BBC	11.05.1983	München	Nürnberg		KWS 36, ZWS, ZDS, TAV	Train4Train GmbH, Bodenwerder
111 208-5	Hen 32555	BBC	13.07.1983	München	Nürnberg	z 28.10.2016	KWS 36, ZWS, ZDS, TAV	zerlegt
111 209-3	Hen 32556	AEG 9027	08.09.1983	München	Dortmund		KWS 36, ZWS, ZDS, FMZ, TAV	abgestellt
111 210-1	Hen 32557	Sie	26.10.1983	München			KWS 36, ZWS, ZDS, TAV	RailAdventure GmbH, München
111 211-9	KM 19918	Sie	16.02.1984	München	Braun-schweig	+ 07.12.2014	KWS 36, ZWS, ZDS, TAV	zerlegt
111 212-7	KM 19919	Sie	16.04.1984	München	Dortmund		KWS 36, ZWS, ZDS, FMZ, TAV	DB Gebrauchtzug
111 213-5	KM 19920	Sie	15.06.1984	München	Nürnberg		KWS 36, ZWS, ZDS, TAV	smart rail GmbH, München
111 214-3	KM 19921	Sie	21.08.1984	München	München	z 01.05.2020	KWS 36, ZWS, ZDS, FMZ, TAV	abgestellt
111 215-0	KM 19922	Sie	16.10.1984	München	Braun-schweig		KWS 36, ZWS, ZDS, TAV	RailAdventure GmbH, München
111 216-8	KM 19923	Sie	29.11.1984	München	München	z 15.12.2019	KWS 36, ZWS, ZDS, FMZ, TAV	smart rail GmbH, München
111 217-8	Krupp 5555	AEG 9034	22.02.1984	München	Nürnberg		KWS 36, ZWS, ZDS, FMZ, TAV	abgestellt
111 218-4	Krupp 5556	AEG 9035	09.04.1984	München	Nürnberg	+ 14.11.2013	KWS 36, ZWS, ZDS, FMZ, TAV	zerlegt
111 219-2	Krupp 5557	AEG 9036	07.06.1984	München	Nürnberg		KWS 36, ZWS, ZDS, TAV	zerlegt

Lok-nummer	mech. Teil	elektr. Teil	Abnahme	Erst-BW	Letzt-BW	Ausmuste-rung	Ausstattung	Verbleib
111 220-0	Krupp 5558	AEG 9037	08.08.1984	München	Nürnberg	+ 06.12.2012	KWS 36, ZWS, ZDS, FMZ, TAV	zerlegt
111 221-8	Krupp 5559	AEG 9038	05.10.1984	München	München	z 14.01.2018	KWS 36, ZWS, ZDS, TAV	zerlegt
111 222-6	Krupp 5560	AEG 9039	21.12.1984	München	München		KWS 36, ZWS, ZDS, FMZ, TAV	RailAdventure GmbH, München
111 223-4	Hen 32753	BBC	13.02.1984	München	München		KWS 36, ZWS, ZDS, TAV	smart rail GmbH, München
111 224-2	Hen 32754	BBC	29.03.1984	München	München		KWS 36, ZWS, ZDS, FMZ, TAV	zerlegt
111 225-9	Hen 32755	BBC	30.05.1984	München	Nürnberg		KWS 36, ZWS, ZDS, TAV	zerlegt
111 226-7	Hen 32756	BBC	23.08.1984	München	München		KWS 36, ZWS, ZDS, TAV	smart rail GmbH, München
111 227-5	Hen 32757	BBC	10.10.1984	München	Dortmund	z __.01.2023	KWS 36, ZWS, ZDS, FMZ, TAV	abgestellt

Abkürzungen:

KWS 36 = Konventionelle Wendezugsteuerung mit 36-poliger Steuerleitung

ZWS = Zeitmultiplexe Wendezugsteuerung

ZDS = Zeitmultiplexe Doppeltraktionssteuerung

FMZ = Frequenzmultiplexe Zugsteuerung

TAV = Technikbasiertes Abfertigungsverfahren

Beim DB Mietpool bekam die 111 ihre ursprüngliche S-Bahn-Lackierung wieder zurück und ist seither ein begehrtes Fotomotiv. Im Rahmen des Ersatzverkehrs zwischen Stuttgart und Tübingen ist sie am 19. Juli 2022 mit dem RE 12 (88249) bei Altbach unterwegs.
| *Foto: M. Dostal*

WEITERE INTERESSANTE BÜCHER ZUM THEMA

Kaum eine andere Baureihe hat den Betriebsalltag der Deutschen Bundesbahn über ein halbes Jahrhundert so geprägt wie die Baureihe E 10. Heinrich Petersen hat ihre Entwicklung, Technik und Geschichte zusammengetragen.
176 Seiten, 272 Abb., 210x242 mm
ISBN 978-3-613-71723-7
€ 34,90 | € (A) 35,90

Der Taurus ist das Erfolgsmodell unter den modernen Elektroloks, von dem bislang mehr als 500 Exemplare gefertigt wurden. Werner Kurtz hat in diesem Band die Geschichte, Konstruktion und Technik der erfolgreichen Loktype niedergeschrieben.
176 Seiten, 250 Abb., 210x242 mm
ISBN 978-3-613-71708-4
€ 34,90 | € (A) 35,90

Von den 20er-Jahren bis heute: Was immer der Eisenbahnliebhaber wissen will, in dieser Enzyklopädie wird er fündig. Nicht nur die wichtigsten technischen Daten, sondern auch, warum eine Baureihe entwickelt wurde und welchem Zweck sie dienen sollte. Illustriert wird das Ganze mit Bildern aus längst vergangenen Epochen.
304 Seiten, 510 Abb., 240x290 mm
ISBN 978-3-613-71690-2
€ 49,90 | € (A) 51,30

Die Entwicklung der Elektrolok der Baureihe 120 löste eine Revolution in der Antriebstechnik aus: Von nun nutzten neue Elektroloks fast ausschließlich die Drehstrom-Antriebstechnik. Karl-Gerhard Haas berichtet über Entwicklung, Bau und Geschichte der Baureihe 120.
176 Seiten, 300 Abb., 230x265 mm
ISBN 978-3-613-71616-2
€ 29,90 | € (A) 30,80

Leseproben zu allen Titeln
auf unserer Internetseite

Stand Februar 2025
Änderungen in Preis und
Lieferfähigkeit vorbehalten.

Überall, wo es Bücher gibt, oder unter
WWW.MOTORBUCH-VERSAND.DE
Service-Hotline: 0711 / 78 99 21 51
www.facebook.com/MotorbuchVerlag